毛大毛 著

未来 有无数可能

FUTURE

THERE ARE COUNTLESS POSSIBILITIES
WHY SHOULD YOU STOP?

你又何必止步不前

民主与建设出版社
· 北京 ·

© 民主与建设出版社，2024

图书在版编目(CIP) 数据

未来有无数可能，你又何必止步不前 / 毛大毛著. -- 北京：民主与建设出版社，2017.6（2024.6重印）

ISBN 978-7-5139-1526-7

Ⅰ.①未… Ⅱ.①毛… Ⅲ.①散文集－中国－当代 Ⅳ.①I267

中国版本图书馆CIP数据核字（2017）第100361号

未来有无数可能，你又何必止步不前
WEI LAI YOU WU SHU KE NENG, NI YOU HE BI ZHI BU BU QIAN

著 者	毛大毛	
责任编辑	刘树民	
出版发行	民主与建设出版社有限责任公司	
电 话	（010）59417747　59419778	
社 址	北京市海淀区西三环中路10号望海楼E座7层	
邮 编	100142	
印 刷	三河市同力彩印有限公司	
版 次	2017年10月第1版	
印 次	2024年6月第2次印刷	
开 本	880mm×1230mm　1/32	
印 张	6	
字 数	170千字	
书 号	ISBN 978-7-5139-1526-7	
定 价	48.00 元	

注：如有印、装质量问题，请与出版社联系。

未来有无数可能，你又何必止步不前
CONTENTS 目录
去做想做的，不要留下遗憾

CHAPTER01
机会青睐有备而来的人

＼CHAPTER02
不要一条道路走到黑

CHAPTER03
与其幻想 不如行动

\CHAPTER04
最好的你才能有最好的可能

CHAPTER05
心若向阳 自然绽放

CHAPTER

01

机会青睐

有备而来的人

时间，抓起了就是黄金，虚度了就是流水；书，看了就是知识，没看就是废纸；理想，努力了才叫梦想，放弃了那只是妄想。努力，虽然未必会收获，但放弃，就一定一无所获。生活坏到一定程度就会好起来，因为它无法更坏。努力过后，才知道许多事情，坚持坚持，就过来了。

坚持再难，你也要坚持

1

一年能不能彻底改变一个人？这个问题，许多人问过我，我也问过很多人。我觉得，答案是可以的。而且，一年，可以很舒服地彻彻底底地改变一个人。

2015年底，我认识了一个演员，几次工作受挫，她决定闭关苦练英文口语。闭关前，她问我，如果自己每天都学英语，坚持三个月，能不能学好？我说，不能，时间太短。

她又问，半年呢？我有些犹豫地点点头。

她继续问，如果一年呢？我使劲地点点头，然后又摇摇头。

她问，怎么了？我说："一年的坚持肯定可以让你的英语精进不少，但许多人都在半途放弃了。"

她笑了笑，说："你太小看我了。"

刚刚过去的2016年末，我再次见到了她，她依旧接着一些不痛不痒的戏，演着不温不火的角色。重要的是，她的英语依旧没有提高，除了几句简单的打招呼，其他还是一窍不通。

于是，我问她为什么没坚持下来。她有些不好意思地说，"一年时间太长，中途总有些事情打断了我计划好的坚持，所以，有没有短一点见效的方式？"

她认为的捷径，让我想起了自己在健身房跟教练的对话。我问教练，能不能快点减20斤？

教练说："我跟你这么分析吧。如果你想一年减20斤，你就需要每天跑3公里；如果你想半年减20斤，就需要每天跑5公里；如果你想要三个月减20斤，你就需要每天跑5公里然后坚持不吃晚饭；如果你想要一个月减20斤，你一天就只能吃一顿了，跑步就必须从原来的5公里叠加到10公里以上；那如果你想要一天就减20斤，就只能做手术了。"

教练还补充了一句话，做手术的风险很大，往往会有后遗症。所以，除了坚持运动和健康饮食之外，并没有什么好方法。

的确，坚持在时间的推动下，会有惊人的力量，这种力量能潜移默化地改变人。

2

所以，一年能不能彻底地改变一个人呢？答案是能，不过你需要的，是坚持。

其实，坚持最难的地方，是要学会聪明地放弃一些东西。

如果你要坚持锻炼减肥，就要放弃临时被约的饭局；如果你要坚持每天学英语，就要放弃忽然爆红的网剧。因为，你不可能一边吃着大鱼大肉一边减肥，更不可能一边沉迷在偶像剧中一边背着单词。

这些放弃，往往意味着更换另一种生活状态，并且养成习惯。而习惯一旦养成，坚持就变得容易了很多。

到底怎么样才能坚持下来？人为什么会这么容易放弃？是自己意志力

不够强大吗？

我们常常在年初的时候满怀激动地许下宏伟壮丽的目标，却在年终的时候无奈地摇摇头，然后自己责怪自己：坚持太难了。

坚持难吗？

难。

可是，为什么有人可以坚持下来呢？可能，不是他们的意志力比你强，而是他们养成了习惯。

我在2014年初决定当年读够至少50本书，于是我在决定当天就买了20本书，放在最显眼的地方，如果不看就觉得买了好可惜。我每天用闲暇时间读一点，我把每天晚上十点到睡前的时间挤出来看书做笔记，那段时间一定关掉手机，安静地阅读。

我先坚持了一周。那一周，好几次想打开电脑或手机跟人聊聊天，或者出门看看电影，吃点大排档，但我都忍住了。又坚持了第二个星期，十四天后，我开始养成了习惯。接着，每天如果不在这个时间读书就总觉得少了点什么，它成了我生活的一部分。

坚持就是这样，前几天难受，一旦成了习惯，就变成了下意识。不必刻意鼓励自己要坚持，自然，就能简单很多了。

3

刚刚过去的一年里，我见到了许多有趣的案例：一个朋友每天坚持写作，然后出了一本书；一个朋友每天早读，结果托福考了110分；一个朋友坚持健身，年底秀出了八块腹肌的照片。

他们并不比我们聪明，他们只是能够坚持，并且敢在生活中做减法。

那个每天写作的朋友，就算是在聚会时也带着电脑，一有空就无趣地写着一些东西；那个考托福的同学，成天不修边幅，几乎半年没有买过一件新衣服；那个健身的朋友，自从决定坚持后，就再也没在晚上和我们喝过酒吃过夜宵。

有人说，这世界的美好都来源于坚持。坚持一天容易，坚持一周也不难，难的是坚持一年。也有人说，其实不然，人毕竟是有惯性的，坚持个十几天，自然就养成了习惯，剩下的，交给时间就好。

那为什么你听了这么多道理，还过不好这一生呢？

因为你只是听，而有些人，他们在做，而且已经开始坚持了。

所以，你要不要也从今天开始决定坚持点什么？先定个努力就能实现的小目标，养成好习惯，一年后，当你回头再看，会有什么感触呢？

新年快乐！愿你在新的一年里，能坚持自己喜欢的事情，变成一个不一样的人。

你对每个人都真心，对每件事都努力，无论何时你总是选择相信相信，然后有一天，你发现其实在对方心里你没那么重要，有的事努力了也没结果，一直相信的东西早就悄悄变了模样。可又怎样呢？至少你还是你阿，一样真心一样努力，对自己的选择一样相信。嗯，坚持自己的选择，不动摇，使劲跑。

你勤奋充电、你努力工作、你保持身材、你对人微笑，这些都不是为了取悦他人，而是为了扮靓自己，照亮自己的心，告诉自己：我是一股独立向上的力量。下面几个号，让你一切变得更好。

没有人会赏识一块烂木头

1

每个人的内心，都渴望被理解、被赏识。但我想告诉你的是，没有人会赏识一块烂木头，你要努力让自己开出花来，才有资格要机遇、要好运。怕就怕，你横溢的不是才华，而是肥肉。

朋友candy刚刚研究生毕业，师出名门，自然有着很高的心气儿，找工作更是挑三拣四。从毕业到现在，不到半年时间，公司已经换了七家。我问candy这么频繁地换工作的原因是什么。candy很委屈地对我说："我也不想这样啊，可是他们根本就看不到我的能力，每天给我安排的，不是整理文件，就是打印文件，甚至有个脾气很坏的老头还让我去给他买咖啡！这工作谁还干得了？"

我说："是不是觉得自己怀才不遇了？"candy用力地点点头。

我笑着说："我刚参加工作时，也做过端茶倒水、打印复印，干一些完全不用带着脑袋的活。但总要经过这个过程啊，你总不能让老板看着你这张诚恳的脸，就相信你能力出众吧？"

candy嘀咕道："可他也没有给过我机会，让我展现我的能力啊！"

我说："每个人或早或晚都会经历那么一段时光，比如忍受一些不能接受的人，做一些不喜欢的事，但是结果往往有意外的惊喜。职场上不能太急功近利，立竿见影的结果是要你的杆上升到一定高度才能出现的，而你现在还在水平面就想要见到影子，着急了些。人才是需要价值来体现的，在你还没显示自己价值的时候，你其实就只是一个买烟的、订盒饭的。换句话说，你的不遇一定是因为不才。"

2

所谓"怀才不遇"的人只有两类，一类是不懂得自我推销的人，这类人把自己埋在土里，等人来挖掘和赏识；另一类是不够优秀，不够努力，却自以为很优秀。

我想说的是，你总得做出些成绩，才能让人觉得你是人才啊！如果你总是被质疑，被否定，那么请你反问一下自己，到底是"怀才不遇"，还是"怀才不够"？总不能，才看了一天英语课本，明天考六级就要好成绩吧？总不能，今天跑了三公里，明天上秤就希望能瘦十斤吧？要知道，任何明显的改变，都需要时间的累积，需要一步步安静的努力，需要一点又一点"不那么明显"的付出，才能换得。所以你要懂得，那些看起来光芒四射的人，他们一定是在黑暗的角落里暗自使劲，付出了许多无人问津的努力。

这世上，本就没有毫无理由的成功，即便是孙猴子，也是经历了几千几万年的风吹雨淋，才有了那石破天惊的横空出世。

3

当一个人陷于低谷，觉得世界上没有人理解自己、认可自己的时候，或许更应该想一想，到底自己有没有足够的努力，是否拥有足够的实力。

如果你不发光，别人哪有闲心在暗夜里去寻找你？如果你的光亮太暗，别人又凭什么要在那浩瀚星空里发现你，关注你？

如果你自己不能展露光芒，就别怪别人没眼光。其实，每个人都是一盏灯，它的瓦数是由你的实力决定的！可如果你一直都没有光，谁又会把你当盏灯呢？

所以，当你不被认可的时候，就请安静地努力吧，别抱怨，更别动不动就说把一切交给时间，时间才懒得收拾你的烂摊子。

4

不要抱怨自己没有一个好爹，不要抱怨自己的公司不好，更不要抱怨无人赏识。抱怨其实是最没意义的事情。如果你实在难以忍受那个环境，那就暗自努力，练好本领，然后跳出那个圈子。

如果你有大才华，就去追求大梦想；如果你觉得自己的能力有限，才华也不够支撑起你的野心，那就安静下来，步步为营，逐渐积累。如果需要反省，不要在梦想上找问题，而是要在才华上卧薪尝胆，反思它为什么不能日渐丰满。

请你记住：这个世界只在乎你是否到达了一定的高度，没有人会在意你以怎样的方式上去的——踩在巨人的肩膀，还是踩着垃圾，只要你上得去。

5

我知道，不被肯定的感觉，就像是被风刺伤一样，疼痛难忍，却又找不到凶手。这种疼痛感会让你的自尊心受挫，让你成为沉湎过去、沉醉孤独、虚度光阴的人。

可我想告诉你的是，是金子总会发光，你还没发光，是因为你的纯度不够；怀才不会不遇，而是你怀的才太少。

电影《港囧》里有一句台词很受欢迎："我嫉妒你，嫉妒你没有才华还能胡作非为。"

为什么嫉妒一个没有才华的人，是因为他自认为自己有才华，却没有机会把才华施展出来。实际上，施展不出来的才华，就像是冰箱里冷冻的肉，再怎么上等，久了也会变坏。你自以为有才华，就跟知道自己冰箱里有冷冻的肉一样，不是什么值得骄傲的事情，把那个才华拿来做成些什么，胜过存一堆酸臭的肉。

有一些人，读了几本书，懂一些理论，就以为自己是人才了，其实你只是知识和技能的储存器。不能对别人有帮助的才能，最多也只能是自己的装饰；不能施展出来的才能，顶多只能当作口若悬河的谈资。所以就别喊"怀才不遇"了。

还有一些人，明明只是努力了短短的一阵子，但一遇到困难、挫折，就各种忧伤、唏嘘，好像自己努力了很久一样。这也是为什么"怀才不遇者比比皆是，一事无成的天才随处可见"。

每个人的内心，都渴望被理解、被赏识。但我想告诉你的是，没有人会赏识一块烂木头，你要努力让自己开出花来，才有资格要机遇、要好运。

怕就怕，你横溢的不是才华，而是肥肉。

记住你是个女孩，努力是你的象征，自信是你的资本，微笑是你的标志。你要奋斗的不是在一个男人面前委曲求全让他看到你的努力，而是好好努力并且等待数年后那个单膝跪地给你无名指戴上戒指的男人。想要别人爱你，前提是先好好爱自己。

坚持自己的梦想，因为梦想需要坚持来实现。漫漫人生路，不如意者十有八九。怨天尤人，无济于事。只有在拼搏过程中，不断坚持不断进取，不断超越，才能让我们的人生道路更加宽阔，才能让我们的生命更加美丽、绚烂。

简单而又执着地向着梦想去努力

他，曾拥有千万身家，是一名不折不扣的"富二代"；他，初二时IQ指数只有75，被人称为"傻帽"。当家人为了争夺家产而钩心斗角苦心算计时，他毅然选择净身出户。凭借着自己的一股"傻劲"，他从一名快递员不断成长为一名月薪2万元的电脑工程师，演绎了一部震撼人心的励志大片。

1982年，他出生于安徽淮北的一个普通家庭。8个月大时，因感染风寒，高烧引发脑积水压迫神经，从而导致脑瘫。为了给儿子治病，他的父亲毅然选择辞职下海。而事业的成功，却导致了婚姻的破裂，他被判给了父亲。

两年后，父亲再婚，他在继母的照料下慢慢长大，虽然生活可以自理，与人交流也没有问题，但是到了初二，他的IQ指数才只有75，最后不得不退学待在家里。

为了能让儿子有个稳定的工作，2002年父亲在下海创业的深圳成立了一家服装公司，他出任公司的物流部经理，占有公司10%的股份。2007年，他通过网恋认识了女友，并成功牵手步入婚姻的殿堂。

原本，继母对于胸无城府的他并没有戒备之心，但是，看他娶了一个聪明能干的老婆，就开始对这份庞大家业的未来，生发出了巨大的担忧。2008年，继母把自己与前夫所生的儿子安排到公司出任总经理。对于这种天壤之别的待遇，他的老婆气愤难平，带着孩子回了娘家，并提出了离婚。

他去岳母家几次，老婆都把他直接赶出门外。无奈之下的他，将自己的感情经历爆料给了一家电视台的情感调解节目，想用这种方式让老婆回心转意。让他意想不到的是，调解不仅没有挽回老婆的心，反而被继母利用，继母以影响公司声誉为由，强迫他从公司辞职。2011年，早已厌倦了公司尔虞我诈的他，一气之下把自己所有的股权无偿转让给了自己的姑妈。

褪掉了"富二代"的光环，他才发现自己举步维艰。虽然，他的头上一直顶着"傻帽"的名号，但是，他对于公司里的人情世故，其实都心知肚明。他觉得自己是不聪明，但是也没有傻到无法自立的程度。

为了证明自己，他先是在一家快递公司做快递员，虽然辛苦，但是一个月的薪水对于维持生活已是绰绰有余。

当然，这种生活根本不是他的梦想，他又花了4000元学费，到一家电脑维修公司学习电脑维修。起初，老师感觉傻里傻气的他不适合学这个颇有技术含量的活儿。但是，他既不声辩，也不放弃，还主动申请看守店面，通宵达旦地研究电脑的各项构造和运行原理，桌子上总是散落着一堆拆卸下来的电脑零件。有的时候，累了就趴在桌子上睡。3个月后，他的技术突飞猛进，连店里最权威的师傅也对他刮目相看。

与此同时，他利用晚上的时间，在自己居住的楼下，摆了一个维修摊位，用自己的技术帮人维修电脑。由于收费低廉，人又实在，他的生意越来越好。

已经略有盈余的他依然不满足，又参加了雅思商务英语培训。

基本上没有什么英语基础的他，在学习英语的过程中同样受到了来自老师和同学的讥笑。但是，此时的他，早已对这些冷嘲热讽习以为常。他知道，越是被人嘲笑的梦想，才越有实现的价值。

每天挤公交车上学时，他都在口里念念有词地背英语。无论是走路吃饭时，还是睡觉前，只要有空闲的时间，他都用在了学习英语上。就这样，他不知道付出了超出别人多少倍的努力，终于学完了培训班的所有课程。课程结束时，他已经可以跟外国人自如地交流。

2012年，他在通过英语四级考试之后，去福田区深圳人才市场求职。貌不惊人的他，凭借着一口流利的英语，最终被一家保险公司录用为业务员。

作为一名业务员，在开展业务的过程中，他憨厚的形象，不仅没有为他减分，反而让客户有一种安全感，乐意与他交流。他也从来不忌讳谈自己的过去，还常常略带自嘲地说："我并不聪明，但我知道追逐梦想的时候最幸福。"很快，他的憨笑成了公司的一张励志名片，为公司赢得了更多的客户。

因为业绩出色，他成了公司的重点培养对象。2013年，他被公司聘任为培训师，月薪两万。2014年的春天，他用自己的积蓄按揭了一套140多平方米的房子，妻子也终于被他感动，重归于好。

他，就是被称作"深圳阿甘"的励志典型——王路路。

也许你不够聪明，但是，如果你能摒弃心底的得失算计，忘记输与赢的纠葛，简单而又执着地向着自己的梦想去努力，同样可以抵达成功的彼岸。

在漫长的人生道路上，尽管沉沉黑夜没有灯火照明，没有向导导航，但只要心中有梦想，你就能看清前方的路，你就能穿过黑夜走向黎明；在漫长的人生道路上，尽管风雨交加，一路坎坷泥泞，但只要心中有梦想，你就会发现，你在风雨中走过的每一步都会留下深深的脚印，你就会在风雨过后迎来绚丽的彩虹；在漫长的人生道路上，尽管愁肠百结双眼茫然，但只要你心中怀揣梦想，你就能从泥土的芬芳、花草的笑脸中消融你心中的坚冰。

有些人努力，从来都是大张旗鼓，唯恐天下人不知道；而有些人努力，沉默低调，从不在人前显摆，当他们的努力取得成果之时，别人才会突然发现，只能仰望其光芒。亲爱的，你又属于哪一种人呢？

真正的努力，从不需要在人前显摆

1

这两天我给一个学员M指导简历，只见M简历上的"自我评价"一栏赫然写着这么一句话——本人拥有从业资格证，目前正积极准备初级会计职称的考试。

我和她说了一个故事。

这个故事的主人公是我的朋友Y，当她满心欢喜跳槽到一家不错的企业上班之后，她特别羡慕公司财务主管的职位。听人说做主管这个岗位是需要中级职称的，于是Y下定决心，一定要考中级职称。

于是就在那一年，Y买了中级教材，还有一套轻松过关的教辅书。她做的第一件事情，就是回去拍了照片，然后上传到空间QQ，写了句"为了明天，努力加油啊"。

后来很多部门的同事看到Y都会问上一句，"听说你报考中级啦？书看得如何啊？"

这件事也就顺理成章地传到了财务部老大，也就是那位主管的耳朵里。一天下午，主管跑到Y的办公室对她说，最近公司打算申请一项政府补助，需要Y写一份项目申请报告。主管看了Y完成的材料后，面无表情地说："这就是一个211重点大学毕业，并且工作了五年的会计的写作水准？"

Y诚恳地对主管说："我对公司情况还不是非常了解，有没有具体要求？或者有没有参考？"谁想到主管回答说："你把这里当成学校了吗？哪有什么范文可以参考？这是一个做事的地方，能做就做，不能做就走人。下班之前把改好的申请给我。"

于是那一个下午，Y一直在修改那份申请，让Y好不沮丧。

2

试用期结束之后，该Y做转正述职报告了，没想到当着其他部门领导的面，财务主管一二三毫不留情地指出了Y这样那样的问题，其中最尖锐刺耳的一句话就是："我看你天天还在上班的时候看中级书，这本是你业余时间应该做的事，所以我有理由怀疑你根本没有在工作上投入应有的时间和精力。"

Y百口莫辩，因为工作时间她根本没有时间看书。即便上班看了中级职称的书又如何呢？本身是和工作相关，又没有看其他闲杂的书籍。后来有个大姐好意提醒Y，这位财务主管不爽Y很久了，因为主管本人是半路出家做的会计，城府颇深，别看她平时表面上笑眯眯的，实则暗地里不知动用了多少心思排除异己。Y八成是犯了主管的大忌，因为主管最不想看到下属赶超自己。

"你说你努力不该是你自己的隐私吗？何必大张旗鼓？让别人心生不爽呢？"那位大姐对Y说。

Y终于意识到，自己晒努力的行为只会让他人产生嫉妒、鄙夷等莫名的情绪，给自己带来不必要的困扰，反而会阻碍自己的努力。所以真正努力的人是不会轻易告诉他人自己是有多努力的。

这个故事说完之后，学员M若有所悟，她赶紧把简历上"目前积极准备初级职称考试"这句话去掉了。

一个朋友做了六年的纸媒工作后，突然转身在四大会计师事务所里的一家从事审计工作去了。他的转身与跨度让所有人瞠目结舌，我们都在议论，这个平时审稿子总是忙到深夜的人哪有时间为自己跨行做准备啊？

时间真的是挤出来的，后来我们才知道，在纸媒效益迅速下滑的这几年，他一直在思索自己今后的出路，他推掉了一切可以推掉的饭局，潜心苦读考取了金融硕士并顺利毕业，这才完成了在外人眼里异常华丽的转身。

这些年我知道太多的人在不动声色地努力着，你几乎看不到对方努力的模样，而所有的努力都被描述成某种运气。

我们要做的，只是脚踏实地默默努力。努力原本就是人生常态，只要现在的自己比原来的自己更好，不就是最大的收获吗？

其实很多时候，我们不是不想努力，只是生怕自己忍受不了那样的孤寂与酸楚，于是比起日积月累艰苦卓绝的付出，我们更喜欢拍张自己挑灯苦读的照片发个朋友圈，寻找些慰藉和存在感。然而现实是残酷的，时间花在了哪里最终是能看得见的。不管你是高调努力，还是沉默前进，只要付出了汗水，终究会有收获。

不怕这个世界对我们残忍，怕的是对自己的放纵，从今天开始，对回不去的时光说再见，对过去迷茫、庸碌的自己说再见……努力奋斗，每天微笑，不管遇到了什么烦心事，都不要自己为难自己。今天是你往后日子里最年轻的一天了，因为你觉悟了，因为有明天，今天永远只是起跑线。越努力，越幸运！

你的准备有多充足，你的成功就有多快来临

拥有比别人得天独厚的优势固然重要，掌握比别人更好的机遇也必不可少，但更多时候，决定成败的还是我们在机遇来临前所做的准备。

加微信看我朋友圈的人，都知道我是一个多面手，自夸点说，所谓作者里最会唱歌的，唱歌里又会做菜的，厨师界也玩摄影的，摄影师里还是游戏高玩的……似乎什么方面都可以应付自如。

所以很多人就会问，是不是真的就有那么一种人，生来能力出众？是不是真有这种人，可以把任何事都做到最好，打小就是妈妈口中"别人家的孩子"？

人通常就是这样，时常羡慕很多事情，也会不自觉地去效仿他人，这是本能，是好事，因为有目标才会有动力。

但很多时候，我们更愿意把别人成功的原因归结为他的家境、天赋、运气、机遇种种，却从未想到过他为此做的准备。

先说煮饭做菜这件事，我之前在微博上晒过很多照片，一样的食材，变着样儿的烹饪，似乎没有太大难度。

三五好友来访，我通常不会带他们出门随便吃上一口，而是趿拉着拖鞋，亲自去菜市场买酒卖肉，接着躲在厨房里憋一两个钟头，五六盘好菜

端上餐桌。

"哇，我还以为你只是装装样子，原来真的很会做呐！"初次造访的朋友一般会这样感叹。

"怎么学的，教教我！"这通常是第二句话。

"多做呗，做习惯你就知道什么食材相互搭配好吃，也能知道是炒着吃，还是蒸着吃了……"大多数情况，我的这番废话不会得到五星好评，却是唏嘘一片：哎哟，你看看你，还不愿意告诉我们。

可我那有什么隐瞒，这做饭做菜的本事，真的犹如"卖炭翁"，唯手熟耳。

记得在我刚上初二的时候，母亲就生病住院，一住就是大半年。期间父亲要工作，还要去医院看护，所以家里的事情，全部由我和妹妹料理：她洗衣，我做饭，衣服洗好了就摆进袋子，饭做好了就装进饭盒，让父亲送去医院。

不太懂事的时候，我和妹妹常常总觉得生活艰难，大半夜兄妹俩独自在家的时候，动不动就抱头痛哭。

长大了之后，这样的经历反倒阴差阳错地成就了我们，被许多人羡慕，当作榜样；甚至相亲的时候，你说你会洗衣做饭，对方一定觉得你很顾家，很暖心。

我并没有专门学习别人羡慕的本事，只是过往的经历让我没法不去学习。若要感谢，那就感谢我在此之前所遭遇的一切，以及我在其中所收获的本领吧。

刚接触单反摄影那阵，和其他人比起来，我似乎有着不一样的感知力。

别人说熟悉单反、熟悉构图、摆弄测光、寻找灵感，再培养手指的惯性等，少则半年，多则需要几年。而我相机刚到手，认真看了一本说明书，基本就会用了，而且拍的照片都不错，出片率也可观。

众人都觉得不可思议，边羡慕边感叹：你说我怎么不行，学啥都费劲。

我挠挠脑袋，在窃喜的同时内心却是另一种独白：我并非天才，我只是一个有备而来的路人甲而已。

如果当你看到我每年用手机拍摄4000多张照片，而且每一张都精心处理过的时候；当你知道我很小就喜欢待在舅舅的照相馆，每天闷在暗房里冲洗照片的时候；当你知道我曾拿着拍立得，整天从取景器里观看白云、建筑、车流的时候，你是否还觉得这是我天赋异禀的功劳呢？

我玩单反的时间不长，可我在用单反摄影前为它所做的预备，却从未间断。

拥有比别人得天独厚的优势固然重要，掌握比别人更好的机遇也必不可少，但更多时候，决定成败的还是我们在机遇来临前所做的准备。

就好比当我再次见到许久未见的老同学，很多人都会说：哇，我们一上班就长肉，你怎么比刚毕业的时候还瘦了呢？

不免有人会问我运动的方法，让我传授减肥食谱。

可我能有什么捷径可走，对于易胖体质的人而言，善于自制，少吃多动就是最好的方法了。

没有人关心你在健身房里流过的汗水，没有人听到你在跑步机上的哀号，没有人看过你闭着眼吃素餐。但你必须明白，自己所做的一切都不是徒劳，它们是一个胖子可以咸鱼翻身的全部资本，是如今你得到所有鲜花和掌声的前提。

一路的孤独、疲惫、落寞，是我；别人看到的光鲜、阳光、暖心，也全部是我。

只是你们看到的是结果，而我熟知的是其中的过程。

单说写作这件事，这一本书距离上一本已将近四年。这四年时间，生活变故，情感波折，事业起落，让我沉淀许多。

我也曾像你们中的许多人一样，有过自卑的时光和落魄的日子。

我在最胖的时候，270多斤，不敢体检，不敢回家面对父母，害怕他们真切的关心，害怕与人交流。

我在家全职写作的时候，每个月平均下来三千不到的稿费，却住在北五环外月租两千多的房子里苟活着。我拒绝各种形式的聚会，我害怕议论工资，谈及数字。

这种自卑感并非生而有之，而是随着我们的生活状态自然形成的。我知道，是自己做得不够好，所以我必须学着改变现状。

我开始减肥健身，试着一边工作一边写作。

我开始四处旅行，看不一样的风景，见不同的人；我开始努力创业，尝试各种可能。

我从未想过自己从丑小鸭蜕变成白天鹅，我只是想在同类中做到最好就够了；我也从未想过某一天会大红大紫，在名利场上死命追逐，我只想可以在生活富足的同时，带给身边人更多益处。

那么多高才生最后沦为平庸，那么多学渣能在商场上兴风作浪，这告诉我们，并不是学渣拥有更好的运气，而是他们在走投无路的时候，更能奋起直追，聚集起自己成吨的能量，不放过每一个机会。

而那些本就得天独厚的学霸，往往在学业有成后，仗着自己过往的辉煌，不肯在许多事上花费心血。

我们都是张三李四一样的蝼蚁之人，一夜暴富、一夜暴瘦或者一夜爆红这样的小概率事件，和我们相距甚远。我们能做的，不过是在机遇来临前，做好自己该做的一切，准备好应该有的一切。

既然羡慕别人无忧的生活，我们就必须在此之前学会自律和规则。既然羡慕别人在职场嬉笑怒骂，我们就必须能力出众，永远不担心丢掉工作。

深知生活中看似得心应手的人，过往经历的挫折、忍耐和付出，比谁都多，所以我从未想过太多，只是一直行走在路上，有备而来，没有停歇。

而你和你所羡慕的一切，是否也一样有备而来呢？

不要活成自己不喜欢的样子，你年纪轻轻谈什么岁月静好，只有你自己才能改变自己，去努力才会有回报，去争取你想要的吧，用自己喜欢的方式过一生，远离身边那些说"我先睡了你也早睡"的人，你需要的是真心疼你陪你的人。最能让人感到快乐的事，莫过于经过一番努力，所有东西慢慢变成你想要的样子。

最终你相信什么就能成为什么。因为世界上最可怕的二个词，一个叫执着，一个叫认真，认真的人改变自己，执着的人改变命运，不期待突如其来的好运，只希望所有的努力终有回报。

你连改变的勇气都没有，凭什么过想要的生活

前两天，有个读者朋友留言说："你总说要知道自己在哪，做自己想做的事情就好，可是究竟有几人能真正做自己？"

我问："你现在的生活，不是你想要的吗？"

他火速回复："我连想要的生活是什么都忘了。"

于是，这位读者给我讲了他如何离梦想越来越远的故事。

你连改变的勇气都没有，凭什么过想要的生活，关于改变和创新，可以听听下面几位赤兔大咖的分享。

1

做自己哪有这么容易

我们暂且把他称为林。

和许多要为房租、生计奔波的北漂一族相比，林，其实要幸运得多。

18岁，考上北京某著名高校，他想学历史，父亲说："历史系不好找工作，你学计算机吧！"

父亲是说一不二的个性，他从小很少见父亲笑过，更不敢违抗，顺从

地把写好的志愿从"历史系"改成了"计算机系"。

22岁，大学毕业，学了四年计算机的他，早已不再执着于历史，一心想着找个不枉本专业的工作，如果能进外企更好，工资高，那种高效率的工作节奏他也喜欢。

不料父亲一早托人帮他找了国企的工作，工作稳定，有户口。只是工作跟专业无半点关系，日子在喝茶看报和伺候好领导之间打发。

干了两个月，他跟父亲说："我想去外企工作，不想丢掉专业。"

父亲一句："你知道为了你这工作，我花了多少工夫，托了多少人，你现在突然辞职，让我老脸往哪儿搁？再说，外企多不稳定，今天有明天没的，那就是打工，哪叫工作。"

父亲这话一说，他连违抗的力量都没了，乖乖上班，再无半点奢念。

26岁，大学同班同学辞职创业，知道他在大学专业不错，便问他愿不愿意合伙。

一颗心终于再次蠢蠢欲动起来，跟当时的女朋友商量，女朋友坚决反对，说："创业的成功率只有万分之三，你哪有那么幸运，到时候，没了铁饭碗，看你怎么办？"

他想想也对，那么多人创业，有几个真正成功的，自己还是踏踏实实上班吧，于是，第二天婉拒了同学的邀约，继续生存在既定的轨道上。

如今，他三十岁，娶妻生子，两家凑钱付了首付，买了房子。

有了房贷的压力和不可摆脱的养家的责任，想要改变，更是难上加难。

说完，林在信尾加了一句："你看，我不想辞职写小说，不想开画展，也不想环球旅游，就想学自己喜欢的专业，做喜欢的工作，过喜欢的生活，都这么难，做自己哪有那么容易？"

2

你为自己争取过吗？

是啊，林的故事并不复杂，几乎演绎了一个"我是怎样过上自己不喜欢的生活"的标准范本。

他想要"做自己"的道路，似乎荆棘重重，有父亲的阻挠，女朋友的反对，还有生存的压力。

可是，你有没有注意到，在一片反对声中，他几乎没有为自己争取过一次，也没有为想要的专业和工作做过任何准备。

好在，如今的日子，生存尚可，日子也说得过去。

只是，与内心期许的远方，相差十万八千里。

没有谁的生活是在一片赞许声中度过的，不会无论何时，你有任何想法，想要什么，做什么，都有一片喝彩与支持的掌声等待。

你期待的万事俱备，可能永远都不会发生。

简单心理创始人简里里为了创业，和父母斗争了6年，直到确定了想做的项目，拿到第一笔投资才潇洒地跟父母说："我现在必须做这个事情了。"于是，辞去公职，一心创业。

木心在"文革"期间，遭受牢狱之灾，尽管身陷囹圄，依然不忘创作，在牢狱里写诗、写散文、写对文学、美学、哲学的感悟和思考，写在香烟包装纸的背面，也写在从交代材料的纸里私藏下来的白纸上，一共65万字，藏在棉袄夹层里。

我所认识的喜欢写作的小伙伴，也没有几个真正辞职在家，专心写作，都是一面为了维持生活，做着朝九晚五的工作，一年笔耕不辍的写作。

当红作家"一直特立独行的猫"从23岁起每天下班写1500字，常常写到半夜两三点，坚持了7年，出了三本书。

你抱怨没有过上想过的生活，成为喜欢的人，可是，回头望去，你又何曾真的迈开脚步，走向它。

不过是梦想过远方，抱怨过当下。

有人对马云说："我佩服你能熬过那么多难熬的日子，然后才有今天这样的辉煌。你真不容易！"

马云说："熬那些很苦的日子一点都不难，因为我知道它会变好。我更佩服的是你：明知道日子一成不变，还坚持几十年照常过。换成我，早疯了！"

想法不同，道路不同，结果也就不同。

3

迈出第一步

咨询中，常有来访者问我："老师，我想换工作，但不知道自己行业积累够不够，出去能找到什么样的工作？"

我说："也许你可以找这个行业的人聊一聊，或者，做个简历，放到网上，看有没有人来找你？行不行，能不能，一试便知。"

也有来访者说："老师，我不喜欢现在的专业，想转去法学院，但又害怕自己课程跟不上，或者，真正转过去了，才发现，自己其实也不喜欢法学。"

我说："也许，你可以先去法学院，试着听听课，跟同学聊一聊再做决定。"

不管怎样，有想要的未来，总得迈出第一步。

你可以抱怨父母、抱怨妻子，抱怨生活的重压，可终究是在给自己的没有勇气找一个可以栖息的借口。

木心谈到在美国的生活。

来美国11年半，我眼睁睁看了人跌下去——就是不肯牺牲世俗的尊荣心，和生活的实力心。既虚荣入骨，又实利成癖，算盘打得太精，高雅低俗两不误，艺术人生双丰收。生活没有这么便宜的。

我想说，你不能一边贪图着生活的安稳，不肯迈出一步，一边抱怨着如今的生活，不是想要的模样。

两者都想要，却又独独缺了闯荡的勇气，生活没有这么便宜的。即便老天真心想帮你，也无从下手。

高晓松告诉你：生活不只有眼前的苟且，还有诗和远方。

可你总该知道：想要的远方，不会自己到你面前，你得迈开腿，一步一步走，才能抵达。

什么是内心强大的人？可以照顾好自己；承认自己的平凡，但是努力向好的方向发展；可以平静面对生活，安然地听从自己内心的感受，不受其他影响。

你的脸上云淡风轻，谁也不知道你的牙咬得有多紧。你走路带着风，谁也不知道你膝盖上仍有曾摔伤的瘀青。你笑得没心没肺，没人知道你哭起来只能无声落泪。要让人觉得毫不费力，只能背后极其努力。人，要么庸俗，要么孤独！

你想要的，不努力才不会轻而易举地得到

1

不知道为什么，前几天被某口红刷屏了。朋友圈里各路朋友、代购都开始趁着这个噱头大做文章。有问男朋友要口红的，有炫耀已经买到口红的，还看到好几个代购说，这款口红已经断货了。

当我还在了解事态时，西瓜在我身后傲娇地说："我才不问大鱼要口红。一支口红不过几百块，平时少逛个街就能买得起，为什么还要找男朋友要？自己买的口红才用着开心，花自己的钱才有安全感。"

西瓜是那种"口红我有，你给我爱情就好了"的独立姑娘，她有几十支不同色号不同牌子的口红，从不问大鱼要任何礼物，高冷傲娇偶尔也撒娇卖萌，跟男朋友过得很合拍。

我问她："除了口红之外，你为什么不问你家大鱼要礼物啊？"

西瓜想了想说："我觉得呀我自己有能力买喜欢的东西，可以随心所欲选喜欢的东西，为什么还要对他伸手呢？如果他不喜欢我喜欢的，如果他当时正好没钱，那我问他要的话，只会增加他的负担，与其这样还不如

我自己买面包，然后再开开心心地和他谈恋爱。"

当然啦，对于西瓜和大鱼的爱情想必大家都是知道的，所以对于西瓜的观点，我当然不反对。

从小到大我都不喜欢问别人要东西，看到喜欢的玩具衣服，会跟妈妈说好做什么事换来，在高中的时候就已经写稿拿稿费了。不是我不想要，而是不会开口要。

我也还记得上大学时的一个舍友，每天把自己收拾的漂漂亮亮的，上课前总是涂上口红才走出宿舍门。当时我们都以为她家境殷实，她每个月的零花钱很多，但事情有时候并不是我们想的那样。

有天晚上宿舍夜谈会，有人就问她："你每个月的生活费多少啊？看着你每天打扮得光鲜亮丽，我们都好羡慕。"

她被问愣了一下，支支吾吾地说："没有啊，我只是想每天以自己最好的状态出门，用好的心情开始一天新的生活，只是这样而已。"

也许，你会觉得，长得漂亮的女生才有资格过得像女王，但其实活得漂亮才是本事。

你可以辗转忙碌于家务中，做这一切不是为了讨好谁，只是想要自己生活的环境更美；你可以穿最美的衣服，化最漂亮的妆去赴约，做这一切不是为了吸引谁，只是想让自己在别人的眼中看起来优雅而独立。

2

在我的身边有这样两类姑娘，一类是陷入感情的泥潭整天闷闷不乐，一类是光鲜亮丽情绪感情不外露。前者每天找人倾诉求陪伴，变得自怨自艾，后者很好的驾驭了生活，掌握了自己。

前几天看到听众的故事，莉莉跟男友分手了之后，每天雷打不动的跟我聊天，总是在诉苦的过程中否认自己："我是不是哪做错了，我哪里不好，我还不想分手。要怎么样他才能重新喜欢我呢？"

隔着屏幕，我都能想到她委屈地擦鼻涕的样子，我脑海里浮现出了《欢乐颂》里的邱莹莹。一个小姑娘，孤身一人想在大城市站稳脚跟，但生活没有那么容易，她先后丢掉了工作，失去了爱情，在这样的双重打击下，她变得不堪一击。

脆弱又敏感的玻璃心，在那一刻完全崩塌，她整天以泪洗面，失去了动力，也开始变得慵懒。

你也曾为了爱情痛哭过吧，整夜整夜的睡不着觉，不敢闭眼怕被回忆侵蚀得体无完肤，白天让自己忙得顾不上吃饭，不能停下来，也不敢停下来。

后来，在时间的帮助下，这些看似生命中最灰暗的时候终于过去了，你看，其实有些忘不掉的，在念念不忘中就忘掉了。

3

在微博上看到这样一段话：

女生为什么要努力，因为这个世界没有谁永远是你的依靠。

所以你该学会坚强，无所忧愁。总有一天你也会发现，酸甜苦辣要自己尝，漫漫人生要自己过，你所有经历的在别人眼里都是故事，也别把所有的事都掏心掏肺地告诉别人，成长本来就是一个孤立无援的过程，你要努力强大起来，然后独当一面。

你也许会说，做女王哪有那么容易。

是啊，就是因为不容易，所以你才要努力地去成为女王，不是那种有权有势头戴王冠的女王，而是那种能过着自己喜欢的生活的女生，把自己变得更好，然后去遇见更出色的人。

你只有自己努力了，便有插根在土壤里的机会，才可以向你喜欢的那个优秀的人靠近一点，可以在看到你心仪的物品时毫不犹豫地买下来。

你曾幻想过吧，有一天会遇到那个踏着七彩白云身骑白马的王子来找你，然而，世界上并没有那么多王子，而王子身边不仅有灰姑娘，还有白雪公主，所以你只有变得更努力，变得更好，才能让这些存在在童话里的故事，在你的身上变成现实的可能性。

4

"以前听别人说，在这座城市里生活的每个女孩都有两个灵魂，一个是女王，用来在白天与别人厮杀；一个是婴儿，用来在深夜小声宣泄。"

白天的时候，你要全副武装地面对一切困难和险阻，穿着10厘米的高跟鞋，为自己的未来打拼。

那么晚上的时候，你可以卸下妆容，热上一杯牛奶坐在床上伸伸懒腰，等着拥抱更美好的明天。

虽然未来是未知的，但只要你肯努力，你的婚纱，你的环球旅行，你的口红包包，你的国王，岁月都会给你。

生活从不会因为你是女生就给你开绿灯，你真心想要的，没有一样是轻而易举就可以得到的。你所有的努力，只为在那个对的人出现时，可以理直气壮地说一句：我知道你很好，但是我也不差。

愿你成为自己的太阳，无须凭借谁的光。

努力，不是为了要感动谁，也不是要做给那个人看，而是要让自己随时有能力跳出自己不喜欢的圈子，并拥有选择的权利，你见得多了，自然就会视野宽广，心胸豁达，看淡一点再努力一点，用自己喜欢的方式过一生。

世上有一些东西，是你自己支配不了的，比如运气和机会，舆论和毁誉，那就不去管它们，顺其自然吧。世上有一些东西，是你自己可以支配的，比如兴趣和志向，处世和做人，那就在这些方面好好地努力，至于努力的结果是什么，也顺其自然吧。

你要努力，未来的选择才能更多一些

1

我在各地做公益演讲结束后，总会有人问我一些问题，被问得最多的是：活着已实不易，为什么还要那么拼？我都会回答他们，今天的努力，不过是为了让未来多一些选择。当你在一份工作中无法进取，当你讨厌一种生活方式，当你想离开一个人，之前的努力会让你在做决定时更为轻松，会多一重保护、多一些资本。

这一切认知，都源于那次我去山东济宁做讲座认识的一个姐姐。她曾说，自己那么拼命，不过是想在未来的某个时刻，不再遵从别人安排的命运，而有自己选择的权利，她敢对不满意的生活状态说不，敢辞去一份自己不愿继续的工作！

而这也是她多年来一直行走与努力的源头。

2

姐姐开车来火车站接我，我们路过一家公司时，她特意停下车来，和几位看上去年纪较大的女人打招呼，彼此寒暄许久，我们才离去。

路上，她告诉我，说那是她十多年前的同事。她已离开那么多年，未想到她们还在，她每次路过，偶尔还会遇见她们。我这才得知，这位姐姐已年近四十。若不是她亲口所说，我简直不敢相信，因为她看起来依然像个活力满满的元气少女。

姐姐说，她曾在那家公司工作过几年，那里留下了她最美好的时光。当然，那也是她最迷茫的日子。

她高职毕业后，就被分配在那家公司，八个女孩住一个宿舍，公司管吃住。她们每天六点起床，穿一样的工作服，待在一样的工作间，在仪器上做同样的指挥。工作两个月下来，八个女孩已从兴奋不已变成了失望满怀。但那个年代，谁也不舍得丢弃那个铁饭碗，毕竟在外人看来，那已经相当光鲜亮丽。

那时，几个女孩每天在相同的时间做同样的事情，包括抱怨、嬉闹。每天夜里，宿舍关灯，几个女孩都会聊天，聊的内容重复而无聊。姐姐睡不着，一个人拿着板凳到开水间坐着，看着宿舍两旁开花的树，发呆。她那时想得最多的是家人生活不易，自己能力有限，难以回报父母，为此她每天都很焦虑。要想改变命运，她唯一想到的就是自考大学。

于是，每到傍晚，当其他女孩还在抱怨或聊天时，她都会坐在那排树前看书；夜色深了，她就挪到开水间继续学习。对当时的她们来说，自考大学如此遥不可及，所以，室友们留给她的只有嘲笑。而她，并不在意。

同行的人啊，为什么会越来越少？大多是因为你和身边的人有了不同的想法。你迈步走向更为宽阔的前方，那未知如此可怕，也充满神秘，而这诱惑正是你身边的许多人所排斥的。他们一边抱怨，一边又安慰自己，安稳就够了。

就这样考了三年，她最终还是考上了，拿到录取通知书后，她毅然辞职前去济南，找了一份新工作，半工半读。当她离开宿舍时，其他七个姑娘的眼神中满是羡慕，但那光彩还未多停留半刻，她们的目光就被新来替代姐姐的女孩所吸引了。她们拉着她，好奇地问东问西，俨然忘记身边的姐妹早已逃出这"牢笼"。

有时候，可怕的并不是我们不努力，而是努力的人已经走到了我们前面。我们除了心生羡慕，依然做不出任何改变，找不到努力的方向。

3

姐姐毕业后，重新去找工作，未想她又被返聘到原来的工作单位，重新站在那家公司的门口，那一屋姐妹依然是那些女孩，穿着同样的衣服，做着同样的工作。她们看到她也笑了，认为她折腾了三年，虽然职位有所提升，但还是重新回到了原点，多少有些不值得。

姐姐不甘心，又坐在那排树前和开水间，去考会计师证和律师证。那时又恰逢她结婚，老公也劝她不要再那么拼命，她却很执着。

有一段时间，姐姐疯狂地掉头发，她以为自己得了健忘症，看书一遍又一遍，却又记不住，去医院检查时，才得知自己怀孕了。她挺着大肚子还在学习，那时，身边的人都说她："家庭条件这么好，不如做个全职太太算了。"她只是笑。直到孩子出生后，长到一岁多时，她终于拿到了双证，她重出江湖，应聘到了另一家单位，坐上了主管的职位。

果不其然，这个结果，震惊到了那些劝说她做全职太太的人们，也让原来公司的那些女孩们大吃一惊。

姐姐说，最初她努力学习，想逃离的不过是八个人挤在一起的宿舍楼，她真的很想改变自己的现状，让自己活得更好，还有余力可以帮助年迈的父母。一路走来，除了收获这些，还有更多的意外，让她觉得自己并没有白费力气。但她最怀念的还是开水间的灯光，无数个夜晚，她就站在那灯下，看书或思考，等待命运给她一个回答。有时绝望，有时又充满希望，大概那是每一个欲求改变的人迈出步伐时，都会必经的道路吧！

活着需要的就是改变，想要更完美就要经常改变。很多时候，努力带给你的优越，是你一时看不到的。但经过一段时间再回过头去看，或者在某个面临选择的瞬间，内心坦荡并无恐惧的你，才能体会到努力的意义。

我们努力地改变自己，接受生活和命运的安排，不过是想让未来多一个选择，多一层保障。

直到此时，我才明白，每一个有信心对未来说"我敢"的人，都注定走过不平凡的路。每一句"我敢"的背后，都藏着一个努力而拼搏的人。

你要搞清楚自己人生的剧本——不是你父母的续集，不是你子女的前传，更不是你朋友的外篇。对待生命你不妨大胆冒险一点，因为好歹你要失去它。如果这世界上真有奇迹，那只是努力的另一个名字。生命中最难的阶段不是没有人懂你，而是你不懂你自己。

不是所有人都是真心，所以，不要那么轻易地就去相信；不是所有人值得你付出，所以，不要那么傻的就去给予；不是伤心就一定要哭泣，所以，不要那么吝啬你的微笑；不是只有你一个人在努力，所以，不要轻易地就放弃。不管今天多痛苦，终究会过去。

让你的努力成为一种常态

1

昨天晚上，我发感慨，自己最近太懒了。

真的懒了吗？好像也没有，还是跟往常一样，该写多少就写多少。接了别的活，也在努力地完成。

可为什么觉得自己最近懒了呢？

我想着想着，顿时惊呼：我靠，我也有懒的时候吗？

自从做平台以来，还从来没有想过"懒"这个字。挂在我眼前的只有两个字"努力"。我要努力把平台做起来；我要努力把文章写好；我要努力接更多的活……

明明一切都照常进行啊，明明还在努力中啊，为什么还是觉得自己懒了呢？

我必须找到答案。

2

我相信你也努力过，那你有没有这种感觉：努力了一段时间就会觉得自己好像也不怎么努力了。一切照常进行，但总觉得少了些什么。

你刚刚进入一家新公司，最开始特别努力，努力适应新环境；努力学习新技能；努力和同事搞好关系……

等一切都搞定的时候，一切照常进行，但总觉得自己没那么努力了。

你刚刚学习一个新技能，最开始特别努力，每天花几个小时学习，努力提高；努力进步；努力掌握……

等做到差不多水平的时候，一切照常进行，但总觉得少了点什么。

你刚刚谈恋爱的时候，对他特别好，努力照顾他；努力陪着他；努力让他开心……

等恋爱一段时间以后，一切照常进行，你还是一样爱他、照顾他、逗他开心，可还是觉得少了点什么。

……

是我们懒了吗？明明还在努力着呀！

非也，不是我们懒了，而是我们进入了舒适区。

3

什么叫舒适区？就是你觉得很舒服的一个区域。在这个区域里，无论时间、工作、技能等，都是你能掌握的。你做起来得心应手，只付出一点点的努力就能轻松完成。

为什么会这样？

无论做什么，我们刚开始学习或做一件事情时，都是陌生的。我们必须花时间、花心思在这件事情上，才能保证它能做好，或者能学好。

但随着时间的积累，很多事情我们做得差不多，或学习得差不多了，就不需要再花这么多心思了，于是，我们就来到了舒适区。

其实，很多人不是不努力，而是努力着努力着，习惯了而已。

最初做平台的时候，我两眼乌黑，什么也不懂，什么都要学。我每天除了要看自己写的内容以外，还要学习做平台。那时，我处在精神崩溃边缘。

我见人就求粉，见大咖就求知识，见书就抄笔记……

我朋友说："我看见你，我都要炸了。你能不能不要说粉丝……我们还能不能愉快地聊天了？"

友谊的小船因为"粉丝"翻了。

说真的，我什么都搞不定，哪有什么心思聊天，哪有什么心思见朋友，哪有什么心思想别的？我满眼是粉丝，是数据，是文章……

可是随着平台做得越来越久，很多东西掌握了一定的知识和规律，做起来渐渐不那么费劲了。虽然做平台还需要学习，写文章还需要继续提高，但是这些都是细节性的，在工作的时候做些调整就够了。

于是，我突然发现自己"懒"了！我被吓出一身冷汗！

4

这种状态不是我想要的。我更喜欢最初做平台的时候，虽然很艰难，很痛苦，很没人性……但是我有血性啊，我在提高啊。

可是，我们人往往更喜欢待在舒适区。

因为在这个区域里我们能做事，有收入，比上不足，比下有余。

于是，我们每个人手里都有能吃饭的技能，但就是做不到顶尖，做不到出类拔萃。其实，就是这种状态害了我们。

当努力成为一种常态，努力也就变得不努力了。

所以，努力并不是维持原有的量，而是是否一直能有最初做事的心态。

我们要提高，不管多难；我们要进步，不管花多少时间；我们要做到更好，不管花费多少脑细胞……

通过反思，我再一次明确目标，我必须向着更高的台阶迈进，我不能坐在原地等人追上我，不能看到前面的人继续向前跑。

可能我在做事过程中一直在进步，可这种进步太慢了，这种进步无法让我做得更好，只能让我做到差不多好而已。

我不要差不多，我不喜欢差不多。如果，努力能成为常态，那么渴求进步，一直保持这种进步的刺激感能否成为常态呢？

我必须用行动去探索，等我了解了，我会告诉你们！

但是我最希望的是，我们一起进步，这个任务让我们共同完成。

努力着努力着，就习惯了！

进步着进步着，也能成为习惯吧！

努力，活得精彩一些，更精彩一些！努力成为一个让人不要你都不行的人。没有你，TA的天空就失去了最耀眼的星星，甚至是太阳。当然，你并不是为别人而活，来到这世上，你有责任做最美、最好的自己。

不要一条道路

走到黑

一个人最好的生活状态，至少有喜欢的一件事情做，有爱的人，也有爱你的人，能养自己的家，父母健康，朋友不多但死党有几个，你好谢谢对不起再见常挂嘴边，看见优秀的人欣赏，看到落魄的人也不轻视，有自己的小生活和小情趣，怕别人尴尬所以常自嘲帮人解围。不想改变世界，只想活出自己。

不要太着急，生活值得你去慢慢欣赏

那一年我刚工作，觉得一切美好景象都像繁花一样铺在我身边，世间有这么多的美景美食美人，错过几个没关系，前面还有的是大把的机会。

我也越来越急于去体验那些美好的东西，一刻都不想等待，不想浪费时间，快一点再快一点，去看见那些久负盛名的美景，去领略那些声名在外的盛况。

后来有一次领导让我去接待一位来单位演讲的老战士，他15岁参加抗美援朝战争，当时已经是古稀之年，还因为在战场上骁勇善战营救战友，获得了二等功奖章。

从机场接到老先生之后我陪着他向停车场走去，老爷子虽然上了年纪但依然精神矍铄，耳不背眼不花的，大步走起路来我都不时要小跑几步。

不过走着走着，我却发现，从接机大厅到停车场一般只要10分钟的路，但我们却走了至少一个小时。不是因为老爷子腿脚不灵光，而是他每走几步就会对我说"等一会儿啊小伙子"。

第一次"等一会儿"，是因为大厅门口正在重新布置盆栽，老爷子走过去和园艺师高兴地聊了几句，连连称赞园艺师创意好，盆栽摆出来的效果很好；

第二次"等一会儿"，是路过的一个姑娘把文件掉了一地，老爷子看见马上快步走过去帮她捡了起来；

第三次"等一会儿"，是因为看见在大厅里玩耍的小男孩儿目不转睛地盯着他的军装徽章，他笑眯眯地给小朋友讲了在战场上的故事；

第四次"等一会儿"，是因为他看见停车场旁栽种的樱花树居然在冬天开了苞，连连称奇，照了好多照片，还硬拉着给我照了一张；

第五次"等一会儿"，是因为看到公益组织正在摆点宣传，他饶有兴致地看了好一会儿挂出来的"印象派"大作。

而每一次"等一会儿"之后，老爷子都会更加的高兴，更加的容光焕发更有精神，就像又回到了青春飞扬的年纪。

我每次从机场回公司，都会走这条路，已经走了几十遍上百遍，但每次我都是匆匆而过，要么是赶着出差，要么是急急忙忙赶回公司整理休息。在我的印象中这就是一条再普通不过水泥路。

我甚至不知道航站大楼门口的盆栽总是不一样的，不知道那么多有意思的公益组织会在这里宣传交流，不知道大厅墙上挂满了名家捐赠的油画，不知道停车场的樱花花苞有那么美丽。

跟着他，我第一次发现我身边有那么多需要帮助的人，第一次注意到周围有那么多有趣的事。我好奇地问他："您一直都是这样的吗？"

"你问我是不是很早就这么享受生活，每一步都走得很慢？"老爷子爽朗地笑起来，"哈哈不是的，我年轻没上战场的时候也和你这样的毛头小子一样，什么都玩不够，做什么都着急奔向下一处。我也觉得人生长着呢，即使错过什么，以后也总有机会弥补。但是战争教给我另外一种态度。"

老爷子抬头看了看蓝天好像在回忆着什么，说："战场上我们连队负责排雷，多少战友前一秒还和你喊着打完仗回家找媳妇，下一秒就被炸的面目全非。"

"那个时候，我们的命就挂在裤腰带上，挂在我们迈下去的每一步里，每一脚都有可能走到死神的地盘里去。那时候人生不是还有几年几十年，是还有几步可以活，如果不好好在一只脚抬起来一只脚落下去的短短几秒里面享受生活，如果不在迈出下一步之前好好看看周围的世界，也许下一步就是这辈子最后一步了啊。别以为年轻就有好多路可以走，不是的哟哈哈哈。"

说完这些，老爷子就又去仔细端详路边的一块石刻，掏出一个小本子写写画画。

现在的我时常想，如果我还是像几年前那样依仗着年轻就不断加快自己的脚步，不断地略过身边的风景，眼睛里只盯着遥不可及的前方，会错过多少美丽？

我也许不会在众人奔赴一个又一个景点的时候发现我的挚友，也许不会在博物馆的角落收获一段忘年交，也许会少了好多珍贵的照片，少了好多忘不掉的回忆，这些回忆比急匆匆的赶路要美丽得多。

总是那么着急，急着去做什么呢？

你说你急着去看美丽的世界，急着去完成宏伟的事业，急着去寻寻觅觅正确的人。可是你家乡的小山河流还没看遍，你家收藏的那些书刊诗画还没赏完，一直陪在你身边的人，你却很久没有和他们好好说过话。

好像我们总是把眼光放得那么远，却总是忽视身边的，脚下的美好。可是错过的事情就不能重来了，错过的人就没办法再遇见了。我们总是以为还年轻，以为时间还有很多还来得及，但是错过了就真的错过了，蹋下这一步，可能就走到了另一个世界了。

把每一步都走踏实，时间不会等你的，你只能靠自己来珍惜把握身边的人和事。别让树欲静而风不止，别让自己再错过了。

一身白衣，轻移慢动，那是太极；三两针脚，上下翻转，那是刺绣；亮丽晶莹，轻拿慢放，那是瓷器。太极四两拨千斤，刺绣十年出珍品，瓷器熔炉炼名器。

之后一步一步慢慢地走，慢慢地欣赏，才能和灵魂同行，找到真正的美景。

做个安静的人挺好，不喜欢争抢，信奉是我的跑不掉，不是我的抢不来。一群人喧闹我负责微笑，不太大喜也不太大悲，世间仅此一次，所以从从容容随遇而安，不被别人打乱节奏。进能倾听他人想法，退能思考自己生活。欣赏他人，你很好我也不赖，你有大世界，我有小生活。此地甚好，从容而行。

适当的焦虑并不是坏事，它能督促我们自律、有更强的行动力，但不要让自己变成焦虑的奴隶。当放下焦虑、轻装上阵，我们会更踏实地沉淀好每一天。每一天都认真地生活着，我们就会一步步离梦想更近！

成功不是急就能提前到来的

1

Sort是个很有干劲的90后小伙子，和他聊天总能听到最新的互联网名词。最近从他口中蹦出最多的是"斜杠青年""社群学习"……他也很忙，下班后报名各种线上微信群讲座，周末跑出去参加互联网产品沙龙等等。

我问他："为什么把自己的时间安排得这么满？抽些时间休息不也挺好的吗？"

他回答："别人都在进步，我怎么可以松懈！"

他告诉我，他的某个大学同学，刚毕业3年就出版了两本书，现在已初步实现财务自由；还有他认识的BAT同龄人某某，在公司重要项目中表现不错，这季度的奖金足够欧洲游一趟……

"你看，大家都有成绩了还这么拼命，我再不努力，迟早被抛到后面！"他的话语中透露出深深的焦虑与着急。

只是，Sort只看到别人表面的成功，却忽略了成功背后的积累和付出。那位出书的同学，早在高中就开始培养文笔，上大学后更是坚持每周输出3、4篇文稿；BAT的同龄人刚进入项目组时吃了不少苦头，后来每天早出晚归，硬是把不懂的技术难点啃下来，才有了后面不错的表现。

虽然Sort给自己安排了很多学习，但大部分都是蜻蜓点水。他太热衷于追赶最新的概念，却缺乏针对具体领域的深入了解，没有形成自己的知识体系。

现在每天还是很忙碌，然而更多时候他会陷入迷茫，不知道何时才能等到属于他的成功。

我们常常处在焦虑当中，工作、生活的节奏太快。来自身边朋友家人的压力，迫使我们加快步骤往前，甚至是被动地被推着向前奔跑。

然而，过度奔跑是否让我们忽略了学习的本质？欲速则不达，不要让焦虑成为你迷失的借口！

2

去年公司校招了一批应届毕业生，有来自985高校的，也有在校期间就参与过全国项目的，共10名管培生。

小悠在其中并不是最优秀的，表现中规中矩，人长得也朴实，在入职典礼上没有给大家留下深刻印象。

这批管培生入职后被安排到不同部门轮岗培训，小半年后，有两名管培生受不了重复枯燥的基本岗位工作，提出离职。

小悠没有受到辞职的影响，继续老老实实跟在导师后面做好每天的岗位工作。经常看到她最早一个到公司，晚上最后一个走。同批的管培生不少人背后笑她傻，"天天整理excel数据、做会议记录，这些工作有什么价值含量，她还做得这么起劲"。

半年考核时，小悠的表现还不是最卓越的，但她拿出来的部门业务数据分析有条有理，受到公司高管和导师们的肯定。

一年过后，同时入职的10名管培生：4人主动离职，2人绩效不达标被淘汰，剩下的4人中成绩最突出的是小悠。在一年述职报告时，她用严谨的数据、扎实的岗位基本功，赢得了公司上下一致的认可。

她说，知道自己没有过人的聪颖，看到同批优秀的管培生，她也着急，害怕会被淘汰。和别人比不上，那就和自己比！从入职的第一天起，她就制定了计划，每天一点点完成计划上的清单。只和自己做比较，争取每天进步多一点。

时间过去，积累的一点一滴汇聚成明显的成果。一年前的她在人群中并不凸显，但经过一天天踏实的积累，最终就像一块璞石经过打磨，绽放出耀眼的光芒。

3

知乎上有个热门话题，"25岁做什么，可以在5年后受益匪浅？"其中有个高票答案——做好自己本职工作之余，多跨界！

我认识一位在传统零售业公司做平面设计的设计专员，除了做好工作内的设计任务，她还经常关注市场方面的知识。比起同事，她的作品总是最能领悟到公司要传递的信息。因为她除了会设计，还知道如何把握客户的需求。因此，很快她就升职加薪，成为设计部经理。

后来，她又去报名参加互联网产品运营的课程，大大提升了自己对产品、对市场的认识。她也陆续把自己的一些作品放到社交平台上，慢慢在圈子内小有名气。不久前，她被猎头挖去一家更大的公司做设计总监，薪资翻了几倍。

跨界突破固有的边界，代表不同的领域融合。她的成功在于，她能清楚地看到自己的短板，但是从不盲目焦虑，也不一味求快，而是给自己时间自我提升完善，她努力拓展岗位外的思维、补充技能，突破了本职工作固定的设计领域，用多角度、多维度处理自己的工作，从而获得了更多的发展机会。

适当的焦虑并不是坏事，它能督促我们自律、有更强的行动力，但不要让自己变成焦虑的奴隶。当放下焦虑、轻装上阵，我们会更踏实地沉淀好每一天。

每一天都认真地生活着，我们就会一步步离梦想更近！

撒哈拉沙漠居然下雪了，还有什么人你等不到，就像泰戈尔说的那样，不要着急，最好的总会在最不经意的时候出现。那我们要做的就是：怀揣希望去努力，静待美好的出现。

人生最好的滋味是在苦与乐中调出来的。不要一味去苛责人情冷暖，世态炎凉，也不要一味去抱怨命运多舛，天意弄人。关键要调整自己的心态，用心去发现生活中的美和善。在没有阳光普照的日子里，要学会温暖自己。最执着的东西对自己伤害最大。心放平了，一切都会风平浪静。

过度的省钱会让你迷失自己

这已经是我半年内第三次去潘家园了！不是去淘古董，也没去买旧书，三次干的都是一件事——配眼镜。

半年，配三副眼镜，我眼睛破坏性是有多强？错。其实是因为我太能省、省、省了！

第一次去，转了半天，最后选了一家小店面，便宜啊，200多搞定。

结果不到一个月，镜框就自然死亡了。

第二次去，下定决心再也不买便宜货了，专门选了一家旗舰店，镜框选钛的，镜片选超薄护眼的，就不信买不到好货。结果，一验光，我散光250，超过200度就得加300块钱。这也太黑了！算下来得将近2000大洋啊！纠结了半天，最后大气回应："您帮我把散光降到200度就行……"

当带上新眼镜的那一刻，我的心都碎了，这50度的散光怎么清晰度能差这么多？！我想我是哭了，因为我连老板的脸都看不清！

凑合带了一个月，实在没办法忍受"不聚焦"的世界。遂，今天，第三次去。花了2000块，立下誓言，老子这副眼镜一定要戴三年！

不许笑！和我一起来哭着算个账：

为了省钱，我多掏了至少2000块！

谈钱俗，那咱谈谈时间。——本来去一次就能搞定的事情，我硬是给自己多整了两个半天去配眼镜，这一天时间我干点啥不好，非得在眼镜城里面瞎转悠。

我的省省省，却变成了无尽的时间黑洞。

无聊三大宝：微信、QQ，上淘宝。

其中淘宝更是时间和金钱的双杀核武器。既花了时间，又花了钱，当然如果宝贝买得不错，心情是愉悦的。

但是，能淘到好东西，前提是得花时间淘啊！

我想这个画面你一定不会陌生：

1、先输入关键词，看着满屏的全网爆款、限时促销、千万好评，内心激动，热血上涌，觉得一定有专属于自己的绝世好宝贝。

2、点击销量排行，看看卖得最好的爆款有些啥。

3、按销量逐一点进去，看看大家评论怎样。

4、七七八八基本上看得差不多了，下一步该进入最重要的一步了：对比价格。

5、同款一模一样，价格差了10块钱，水肯定很深，点又推出！一水的好评，价格却比其他便宜了大半，肯定有假，点又推出！这款评论和销量俱佳，可是比其他家又贵了些，买是不买？

最后，买个100块钱的东西，哗啦啦过了1个多小时都没定。

梭罗说："我们的生命被细节给浪费了。"

直戳我心啊！

为什么乔布斯、扎克伯格这些大佬们每天都是黑T恤＋牛仔裤的标配？

扎克伯格说：他的衣橱里有20件那种灰色T恤，他只是不想浪费精力去决定每天穿什么衣服。

"如果我把精力花在一些愚蠢、轻率的事情上，我会觉得我没有做好我的工作。"

是啊，关注省钱的那些细节，才是愚蠢、轻率和对自己时间和人生的不负责啊。

13年，刘德华在北京开演唱会，我毫不犹豫地给爸妈买了一张前台票，价格不菲但想想能花自己赚的钱，让老妈近距离看看她唯一的偶像华仔，开心地不行。

演唱会地点在西边的万事达中心，而我又住在东边朝阳，距离还算有点远。我叮嘱爸妈，早点出发，打个出租车去，方便。

老妈问我："打车得多少钱啊？"

"不到100吧，可能七八十？没事，妈，你这要去见偶像了，得舒舒服服地去啊～"

老妈若有所思，跟在老爸后边出门了。

演唱会晚上8点开始，一看表8点半了，想着这会儿爸妈他们应该在激动地看表演了。发了个短信，让他们多拍点照片。短信刚发完，我老爸电话就打过来了。

"孩子，我跟你妈好像迷路了，找了半天都找不到那个地方啊！"

原来，妈为了省钱，硬是决定坐地铁。本来他们对地铁就不熟悉，再加上几条线倒来倒去，走了差不多一个半小时才出地铁口。但这时候天已经暗下来，他们对路也不熟，彻底转向了。往东走走，往西走走，没招了只好打电话求助了。

说来也心酸，老妈为了省那七八十块钱，硬生生地耽误了1个小时才进场，要按票价一换算，简直亏大了啊。

有时候，我们以为的省省省，才是最大的消耗和浪费！

去年，北京房市火爆，身边好多朋友盘算着买房换房。

同学天乐，在某央企做法务，孩子马上就要出生了，东拼西借，硬着头皮决定把小房子换个大三居。

因为老婆在家里待产，他只能自己每天下班了跟着中介东奔西跑看房子。有时候房主只有白天有时间，他还得跟领导请个假，风风火火来回两个小时，看完房子再往公司赶。

这样差不多一个月，终于看上合适的房子了。户型方正，南北通透，和业主聊得也很开心，价格基本也都定下来了。

但天乐觉得中介费太高了。"他们就跑跑腿，约约号，盖盖章，就要收十几万的中介费！"天乐想了一晚上，做了个决定：甩开中介，自己来。

他绕开中介，说服业主，然后仗着自己的法律专业背景，开始跑各种买卖程序。

没了中介，连个范本合同都没有，他只好自己查，自己搜，再找认识的专业人士确认合同条款；买房子要准备一大堆材料，他就上网各种搜，各种确认，材料准备齐了，偷摸地用公司复印机复印；自己材料准备好，还得帮着业主出各种清单；手续复杂，但很多原先不需自己出面的程序也只能自己上了，晚上人又不上班，他只能硬着头皮一再请假；二手房火爆，过户约号都得熬夜在网上趴着，一出口，疯了似的狂刷屏；过户搞定了，还得和小区物业做各种交涉，完成物业交割……

就这样，他前前后后奔波了差不多三个多月，终于算是有惊无险地把房子的事搞定了。

就在他暗爽自己省了一大笔钱的时候，年底奖金的数字让他傻眼了。竟然降了一大半，快赶上省得那笔中介费了。

他找业绩部门去理论，为什么奖金降了这么多。人拿出了考勤记录，迟到、请假、旷工，各种鲜红记录结结实实打脸。再看业绩评定，分数创下入公司以来最低纪录，还有匿名评价："工作态度有待提高，工作时间无法保证"。

原本想着钱少了就认了算了，结果今年职等评定，他成了同一批入司中唯一一个没升职等的。

为了那"太好挣"的十几万，机关算尽，却丢了奖金，没了晋升，这就是所谓的本末倒置吧。

没错，勤俭节约是传统美德，我依然深信其颠扑不破。

但，过度的省省省，却让我们渐渐迷失自我。

心理学上有一种叫"决定疲劳"的概念。从心理学角度解释，人如果需要做很多不相关的决定时，大脑会疲劳，以至于影响生产力。

同样，如果我们沉浸于那些看似价值连城，其实本末倒置的数字游戏中，我们的省、省、省也就变成了最可怕的人生黑洞。

二十到三十岁是人生最艰苦的一段岁月，承担着渐长的责任，拿着与工作量不匹配的薪水，艰难地权衡事业和感情，不情愿地建立人脉，好像这个不知所措的年纪一切都那么不尽人意，但你总得撑下去，只怕你配不上自己的野心也辜负了所受的苦难，不要只因一次挫败就迷失了最初想抵达的远方。

不要去听别人的忽悠，你人生的每一步都必须靠自己的能力完成。自己肚子里没有料，手上没本事，认识再多人也没用。人脉只会给你机会，但抓住机会还是要靠真本事。所以啊，修炼自己，比到处逢迎别人重要得多。

每个人都需要一个真正认识彼此的机会

我的好朋友，主播小姐前几天跟我说：将军，那个谁谁谁跟我吐槽你高冷，我跟她说你才不高冷呢，你是个逗逼。

这样的吐槽我已经习以为常，从小到大类似高冷的评价数不胜数，当然，能跟我转述这些话的人都不这么认为。

我曾经也琢磨过，我哪里高冷了？要不要改变一下显得更有亲和力？试图"矫正"过，不过最别扭的是自己，我是一个十分看重边界的人，确实没办法在不了解彼此的情况下"自来熟"般的表现热络和亲昵，索性作罢。

有人愿意给我贴上"高冷"标签，或者因为这个标签有不好的评价因此疏远，我也并不觉得可惜。别人对你有什么样的印象，并不都是准确的，而每个人看到的也未必都是一个人本来的样子。

我接触过的朋友，相处下来会发现一个现象：他们往往跟我最初的印象不一样，或者最初印象不过是一个单薄的碎片，越了解对方，越会发现他有意想不到的特质。

我以前写过我的闺蜜鲁小姐，熟悉的人都知道我俩关系要好，但却不知道我俩建立起友谊的过程。

初次在活动上见面，她上蹿下跳的闹腾，我面瘫的像具蜡像，对彼此的嫌弃不用多说，一个眼神全部暴露内心所想。

成为好友后，我俩回忆起第一次见面，都坦言给对方的印象是负分，倒不一定是真的表现恶劣，不过是不符合我们期待的样子，所以恨不得此生再也不相逢。

或许是天意，此后又见过第二次、第三次……就这样一点点抹掉第一次的差评，我们发现彼此身上都有不少吸引人的地方，竟然全然不顾当时有多讨厌对方，相处成了好闺蜜。

也遇到过朋友的不解，我们总会为对方辩解几句，"她不是看上去的那个样子啦"。次数多了，也就相视一笑再不多言。误解总是难免，但是见过彼此最脆弱的时分，抱头痛哭过的我们毫不怀疑对方在心里的位置。

如果把第一次见面的印象封印起来，我们怕是这一辈子只有成为敌人却永远没有成为朋友的机会。

还好，我们敲碎了表象，愿意去靠近更真实的彼此。

这层表象，就是每个人都有的"人格面具"。我们并不总是时刻表现出真实的自我，有时囿于环境差异，有时囿于对象的不同。我们需要这层面具的保护，它带给我们游刃有余的安全感，让我们在不同情境下能更快适应和融入，并且感到舒服。

我曾接待过一个咨询来访者，她有精致的着装和妆容，得体的沟通和表现，一眼看去就知道她是一个职场精英，干练强悍。

但是每次走进咨询室关起门来，她转瞬就能从职业微笑切换成一脸愁容，在我们咨询的前两次，说上的话不超过十句。

她像个孩子似的哭个不停，偶尔跳出自己的情绪看着我的时候，也会像怕我怪罪似的强调，"其实我平时不是这样的，我从不在别人面前哭，我总是表现得无懈可击……"。

她没有骗我，成熟坚强是她的人格面具，那个咨询室以外的她必须全副武装去迎战生活中的各种困难，所以别人眼里的她可能永远是一副精神抖擞毫不畏惧的样子，但这并不是全部的她，她的面具背后还隐藏着脆弱慌张。

我们每个人都是这样，人前人后判若两人，把不适合展现于人前的东西妥善收好，在某个独自面对自己的时刻才肯摘掉面具，才肯让个性中被压抑的部分舒展和释放。

那个你以为工作狂般的女同事，不过是想快点加薪，家里还有重病的老母亲要养，白天独立坚强，回家在病床前抹泪；

那个你羡慕的富二代，人前潇洒不羁出手阔绰，可你猜他会不会根本没有交心的好友，你入睡的时候他还一个人痛苦无人诉衷肠；

那个在你身边总是没心没肺的"傻白甜"女朋友，说不定比你更早尝到人生苦楚，承担着弟弟妹妹的学费，肩上的负担比她的笑容沉重百倍。

你看到的未必就是真实，你以为的也不过就是你以为而已。

而一旦人格面具戴久了，或许自己都不太习惯看见自己最真实的一面，我们越来越适应外部世界的各种情境。我们在人前越来越游刃有余的表演别人需要的样子，有时甚至把这层表象误以为是真正的自己，这是一种无奈。更何况，人格面具从来不止一个。面对同事、家人、朋友、爱人、陌生人、敌人，面对工作、聚会、约会、谈判、交涉，每一个不同的人，每一个不同的场景，我们的内心都有一种预设，该表现怎么样的自我，该说怎样的话，都有它该匹配的剧本。

就像不同场合适合不同着装一样，我们挑选着适合的衣服，也挑选着适合的人格面具，这是"社会化"的过程必不可少的一步。

以前有人问我，将军，我是不是有人格分裂？有时候话特别多，有时候一句话不想说，在人前特别开朗，但私底下很闷，跟很多异性朋友都相处自如，但遇到喜欢的人紧张羞涩的一句话都说不出。

类似的疑问，可能每个人都有过，因为总是在不同的人格面具下切换，我们对自己会有些茫然，究竟哪个才是真正的自己？

我们当然期望自己是独当一面的那一个，但不可否认的是，谁没有过觉得天都要塌下来的那一刻？

人心是比宇宙还浩瀚的地方，而人的复杂性远超任何科学，它没有公式可以计算，也没有精确的工具可以测量。我们都是在一寸一寸地体验自己人格中的维度，比喻成盲人摸象也不为过，个性就是有很多面，它是立体的、富有弹性的、充满奥秘的。

如果说分裂，那每个人都是分裂的，那些不同的人格面具有时互斥、有时互存，但也正是这些或素淡或浓重的面具，构成了我们人格的全部，让我们不至于在面对人生时，只有一套单一的打法。

推己及人，如果你能看到自己身上的多面复杂性，对待他人便会有不一样的宽阔眼光。

我经历过怒目相视的时刻，但想到这双眼或许对别人温柔如水过，刚要燃起的愤怒也就悄悄熄灭了；

我也担心过疲惫困顿的身影，但我相信这只是一个停顿，总有些力量会支撑他走下去，所以会用鼓励替代心疼；

而那些看似放荡不羁的灵魂，也总会有珍视和在意的人和事，便不再羡慕他那表面的轻松和无谓了。

我们体验到的只是对方转眼消失的一瞬，而对面的那个人却经历了无数个人生厚重的瞬间；我们看到的只是一个人的一面，而这个人其实跟自己一样，也不过是在诸多人格维度中展现了其中之一罢了。

人们总是习惯在不了解对方的时候，就用一些标签和自以为是的评价为对方打上一个烙印，还往往以为这就是确定的真实。

用这种似是而非的"确定性"否定了所有的可能性，或许才是人与人相处的最大障碍。

有时候，不是命运缺少安排，也不是缘分太浅，只是你没有给别人时间和空间展示更丰富真实的自己，才同样让自己也错失了机会。

又或者我们习惯了面具的存在，也快忘记了在别人靠近的时候，松动和敞开自己的内心，给他一个走进自己生活的机会。

原来，每个人都不是你看到的那个样子，原来，每个人都需要一个真正认识彼此的机会。

人生要学会知足，但是不要轻易满足。人生旅途中，大家都在忙着认识各种人，以为这是在丰富生命。可最有价值的遇见，是在某一瞬间，重遇了自己，那一刻你才会懂：走遍世界，也不过是为了找到一条走回内心的路。

你那么怕输，又怎么可能赢呢？有一种"薄脸皮自恋"者，他们压抑、害羞、担心自己做不好，一旦技不如人就觉得世界都是灰色的。相比树立信心，更建议你承认自己有缺陷。是的，你没那么好，那又怎样？谁不是在无数次的失败后，才找到通往成功的路。

你都不去尝试，哪来那些可能呢

1

似乎保守的人都有一个共性，喜欢待在自己的舒适区，不敢去做一丝一毫的尝试。

都说年轻就是资本、是希望，年轻可以犯错，可以无所顾忌，可以肆意挥霍，可以为所欲为，所以趁年轻，还是多尝试吧，别活得那么保守。

你不去尝试就永远不知道，你有哪些可能。

我认识一个网友，很有梦想，规划的未来很美好，几乎每次聊天都会听到有关于未来的美好设想。

他在一家央企上班，工作清闲，有大把的闲余时光，而他内心深处有一个梦想，想成为一个作家，想出版一本署有自己名字的畅销书，他不止一次地跟我念叨这个美景，他幻想着自己现场签售火爆的场景。

每每这个时候，我都会给他来个当头棒喝，把他从虚拟的美梦中拉回现实。

有的时候，光说不练听得多了就心烦，"你有那个愿景，怎么就不见你脚踏实地地去实践呢？"

"文章光靠天马行空的想象是不行的，你得把它变成文字，用键盘或笔跃然于文档或纸上"

道理都懂，可就是不见他有所改变，还是依旧待在他的舒适区里，文字对他来说，或许本来就是一个美丽而羞涩的梦。可遥想，可远观，却不能触碰。

这个网友，之后我们就鲜有交流，但还是留有他的微信，透过他的朋友圈，还是可以窥探一二，从其发表的文字状态来看，可以看见其内心的挣扎，但所有的改变都应付诸实践，光靠想象是不能实现梦想的，得落地行走，才能到达想去的目的地。

2

我跟现实中的朋友艾米聊起这个事，她则是一脸的羡慕，有那么好的条件却不好好利用真是可惜了。

艾米是在外企做销售的，时间对她来说就是最最稀缺的资源，一个月休息三天，每天工作八小时，每天通勤就得花费三个多小时，将近四个小时，但她还是坚持自己的写作爱好。

做销售的时候，会接触到形形色色的人，艾米这人也很活泼开朗，但凡被服务过的顾客都很乐意与其交心，久而久之那些顾客的故事就经艾米的一番乔装打扮，变成她写作素材里面的人物角色。

艾米很聪明也很上进，对于写作很有天赋，在写作中这条路上越走越宽。

有的时候，我会在文章末尾评论，"真是个勤快又有故事的女同学"配一个害羞脸。

私下和她聊天，既然工作都那么累了，干吗还要这么折腾自己，下班后用写作的时间来逛超市，天猫，或出入影院，不是很好嘛，那样多自由自在。

艾米微笑着说："我不想过那种80%人都会选择过得生活，既然我想过20%人才能过得人生，那我就得拿出120%的努力来。"

我竟无言以对。

但凡知道写作这么回事的人都知道，创作并不是那么简单的事，它需要你的日积月累，需要持续不断地深耕，才会有思想火花的碰撞，才会有一气呵成、气势磅礴的文章。

虽然艾米还没实现她的文字梦想，但好在她已经在追梦的路上，相比于那些保守的人儿已经是赢在起跑线上了。

3

对于个人的喜爱，保守的人永远都是停留在嘴上说说，过过嘴瘾的状态，而行动派则是一声不吭就立马付诸实践，因为他们知道，只有行动才有梦想的可能。

其实除了个人喜爱，对于工作事业，不同的人也有不同的选择，有的人选择保守地将就，有的人选择是快速试错，绝不拖泥带水。

小江毕业后很庆幸地考入了体制，过着许许多多人梦寐以求的生活，有着稳定又清闲的工作，还有不错的薪资待遇。

其实体制就像是围墙，里面的人想出去，外面的人想进去，要说是里面好还是外面好，我想是各有各的好，自己觉得好才是真的好。

或许是年轻的缘故，小江对于这种一眼就能看见生死的工作，日渐麻木，毕业那时立志有所作为，干一番事业的雄心壮志，也渐渐被生活这张网困得死死的，越是想挣扎就越挣扎不脱。

一边是自我拉扯着，一边是职业困惑着，小江深知目前的生活的好与坏，他想要走出体制，可是又担心走出之后的不堪。

这不是纯粹的个人问题，有父母、亲朋好友的夹杂其中，他们都会以过来人的身份指点你，还是乖乖待在体制内，别瞎折腾，出来就有你后悔的了。

毕竟是阅历和能力有限，小江至今都还在保守的选择将就着，不敢勇敢地遵从自己内心的想法。

4

小海是毕业于一所普通的本科院校，计算机专业，毕业后很如愿地找到自己心仪的互联网行业工作，月薪税后6k，在一线城市这点薪资水平只够过活，好在小海是孤家寡人，没有女朋友，也没有额外的开销，所以生存压力不是很大。

小海知道，互联网行业拼的就是技术和能力，于是乎小海在工作之余，利用公司的资源和同事关系，有的放矢的提升自己，事无巨细都亲力亲为，为的就是能博得上级主管的注意，让他能在有任务的时候，第一时间想到自己。

据小海回忆，最苦逼的时候，在医院边打点滴边敲打着键盘，修改项目方案，优化完善意见，把顾客当上帝，自我以为很满意的递交了方案。

可是，人不走运的时候，你所有的感动都只是你单方面的一厢情愿，小海这么付出，得到的却是顾客不满意，要求重新调整和修改，这已不是一次两次了。

要不是看在工资的面子上，真想直接把方案甩对方脸上，然后酷酷地说，"老子他妈就不改了"，当然这都是小海的臆想，现实还是乖乖地如孙子般的修改，直到顾客满意为止。

经历一年多的磨炼，小海已经有独当一面的能力了，公司决定晋升他为项目经理，可在出色完成团队任务后。

小海在其鼎盛的时候毅然选择了辞职，去更大的公司，更好的平台，因为他知道，之前的小公司已经不能给他带来成长了，他需要更大平台来历练。

就像一只老鹰，当它还是幼鹰的时候，还是很贪恋鹰巢的，可当幼鹰长大成为老鹰时，广袤的天空对它来说有更大的吸引力。

5

每个人的职业，没有高低贵贱之分，只有喜不喜欢，舒不舒心。假使给你高薪，但每天你得顶着巨大的压力，闭上眼睛连睡觉做梦都在想工作的事，辗转各个饭桌，觥筹交错中看尽人间的心酸，你寻觅良久都得不到一个真心的朋友，这样的职业你还要吗？

相反，有的人做着一份力所能及的工作，空闲之余有点自己小爱好，有三五朋友相伴，或许没有大富大贵，但这样快意的生活拿千金万金也不换。

对于个人爱好，对于工作事业，别那么保守，你还那么年轻，别害怕摔倒，大不了再爬起来，抖抖身上的尘土，继续前行，怕的是你保守地过一生，碌碌无为，还安慰自己平凡可贵。

人应该对自己心肠硬一点，不要动不动就放大自己的悲伤。失恋也好，考试失败也好，损失了一些钱也好，正确的面对这些问题就好了。没必要以此来幻灭自己的整个人生，觉得日子失去了色彩，黑暗将笼罩下半生。多大点事啊，难过一阵子就好了，犯不上以此来否定人生。

不要那么敏感，也不要那么心软，太敏感和太心软的人，肯定过得不快乐，别人随便的一句话，你都要胡思乱想一整天。敏感和心软都因为太在乎别人，人们只会挑软柿子捏，活不出自我，可世上偏偏没那么多的将心比心，你的好往往会惯出得寸进尺的贱人，太过考虑别人的感受，注定自己不好受。

你要敢于坚持自我主张，不怕冲突

张丽最近有件烦心事。她和一个同事相处很不好。

张丽本来是一个人缘很好的人，很少和人争执，乐于助人，工作能力也很强，一直是公司销售总监意属的接班人。

然而一个新同事的到来，让她感到了危机。

新同事刚进公司时，职位比张丽低一级。

相处一段时间后，张丽发现自己非常讨厌这个新同事，在张丽看来，这个同事强势、霸道、固执而又自我中心。

张丽是一个倾向于避免冲突的人，并且对利益不执着。可这个同事却斤斤计较，对自己的利益分毫必争，如果发现上司对自己工作分配有"不公平"的地方，一定会嚷嚷得人尽皆知。但这个新同事业务能力很强，有很好的海外客户资源，业绩每年排第一，很快被提拔到和张丽同级。

被提拔后，这位同事对张丽态度渐渐变得傲慢无礼，常常公开否认她的提议，张丽一直隐忍，不想让两人之间冲突公开。

然而隐忍似乎并没有换来好效果，这个同事对张丽无理的态度越发变本加厉，常常在领导面前指责张丽的工作。张丽被这个同事搞到心情很糟，每天上班都会刻意避免单独见到她，甚至还有了离职的冲动。张丽时常对自己说：不要和这种人一般见识，外面也找不到现在这么好的工作了，凭什么我辞职。

虽然这样劝说自己，但张丽心情却越来越糟糕。

张丽该怎么办？

如果张丽敢于直面和这个同事的冲突，有力量守护自己的利益，这个同事或许就不敢对她如此傲慢无礼。可她这样一个逃避冲突的人，怎样才能拥有"强势的"性格呢？

如果仔细观察自己，很多人都会发现自己在不同场合或者不同人面前有着不同的性格。

这非常正常，一个人的性格确实有好几面，每一个人是由几个"我"构成。认识到这一点非常关键，因为当你能全面意识到自己性格各个面时，你就可以在不同场合、面对不同人，运用你性格中最适合的一面。当你发现自己不具备面对某种场景的性格，你可以尝试去发展它。

一个人的人格是怎么发展出来的？

发明"声音对话疗法"的美国心理学家哈尔斯通认为，刚出生的孩子非常脆弱，必须要依赖别人的照顾才能活下来，这个依赖别人才能存活的孩子是一个脆弱的"自我核心"，这个"自我核心"是一个人内在的小孩。人们出生后会尽快发展出一种"自我"保护这个"内在小孩"。每个人内都有这样一个小孩，它存在一生。我们之后发展出的所有性格都是为了保护这个"内在小孩"。这个最初保护"内在小孩"的"自我"被称为"保护者"或者"掌控者"，它会变成一个人人格中的基石。

保护者通过与周遭环境的互动，渐渐发现哪些行为对这个"内在小孩"是安全的，哪些行为可能会招致身体或者情绪的痛苦。和所有生物都遵循"趋利避害"的规则一样，保护者会尽量表现出获得奖励的行为，避免出现受到惩罚的行为。

张丽是家里最大的孩子。当她还是婴儿的时候，父母会全心全意照顾她。她乖巧安静、对父母笑的时候，父母可能会表现得特别喜欢她，而当她不舒服大哭或者闹脾气时，父母可能就表现得心烦。虽然她还很小，但是她能区分出来这两种差别。一旦抚养者表现出了"烦心"或者"厌恶"的情绪，一个人的"内在小孩"就会感觉生存就受到了威胁。

为了不让自己内在小孩受伤，她人格中的"保护者"就会出现，当她做出一些行为取悦父母时，可能会获得父母更多喜爱，她也会渐渐明白"取悦他人"对保护她的"内在小孩"有利，此时"保护者"就会发展出人格的一个部分——取悦者。她越运用"取悦者"这个部分，父母可能越喜欢她。

随着年龄增长，环境变化，以及生活中的经历增加，人格中的其他部分也渐渐发展起来，它们可能会变成一个人的"次要性格"。

人格的其他部分可能还有"推动者"，它发展出来是为了推动一个人立即采取行动，这个部分发展比较好的孩子总能自觉完成自己的功课，满足父母或者外界对他的要求。如果这个部分发展不好，有可能成为一个"拖延症患者"。

还可能有"批评者"这个自我，它发展出来是为了使人按照保护者/掌控者的规则行事，一旦人们出现违反保护者的行为，就会遭到"批评者"的攻击。

每一个自我都相互关联，它们共同形成一套初始自我系统，这个系统决定了一个人定义自己"是什么样的人"，以及"怎样对待自己和别人"。

随着张丽长大，家中有了别的兄弟姐妹，父母给她的关注和喜爱会比原来少。此时这个"内在的小孩"又受到了威胁，张丽可能会发展出某种"强势的"自我，强烈要求获得自己的利益和父母关注。但是这种特质在张丽家中可能不被赞赏，父母可能会批评她"你怎么不懂事了？"。

她会发现"强势"自我表现出来更不可能得到父母的爱，而当她又表现得乖巧去"取悦"父母时，她又会获得父母的赞赏。

或许她还会发现，"取悦者"的性格特点不仅会受到父母赞赏，还会受到很多人赞赏，于是"取悦者"这个部分在她生命中就愈发强大，她会越来越认为自己应该做一个"友善的"人，即便损失一部分自己的利益也要回避冲突。

她越回避冲突，就越不知道如何应对冲突，甚至有可能当她想要发起冲突时，她人格中的"批评者"就会现身，阻止她采取冲突的行动，最终面对冲突她会选择回避或隐忍。

但她性格中"强势"的自我并没有消失，只是被她刻意隐去。

当张丽碰到一个"强势"的人时，她会反感这个人，因为这个人身上有着被她排斥的性格。但讽刺的是，当一个人越发反感一种性格时，恰巧说明这种性格存在于她的"自我系统"中，只是被禁止表达。

这个同事是张丽没办法"取悦"的，所以面对这个同事时，她大可以让自己"取悦者"的自我暂时退下，让"强势的"自我登场。

张丽需要做的，就是觉察自己性格中被压抑的部分，尊重自己内在有这样一个"自我"，允许它成长起来。这样她才能获得这种性格所拥有的力量，而不总是选择逃避。如果张丽能学着向她讨厌的这个同事学习"强势"，她的人生就会更加平衡——既关注他人，也敢于坚持自我主张，不怕冲突。

那些拥有你讨厌性格的人，很可能就是你被压抑"自我"的显性化，是你性格中禁止被表达的黑暗面。他们也极可能成为你人生中最好的"导师"，帮助你觉察自己性格中缺乏的部分、被压抑的部分，通过观察他们如何运用这种特质适应环境，你也可以学习如何运用这种性格特质，让自己的生活更加平衡。

别人要你做什么，你就做什么，最后会变成苦力。别人需要你时就出现，不需要你时就消失，会慢慢失去自我。做人最大的问题，就是不会拒绝。因为在这个世界上，会哭的孩子有奶喝。你拒绝的越多，得到的才越多。做人就是，忍辱负重的吃苦，挑三拣四才享福。说不，才能得到，懂得拒绝，活得不纠结。

你那么怕输，又怎么可能赢呢？有一种薄脸皮自恋者，他们压抑、害羞、担心自己做不好，一旦技不如人就觉得世界都是灰色的。相比树立信心，更建议你承认自己有缺陷。是的，你没那么好，那又怎样？谁不是在无数次的失败后，才找到通往成功的路。

让你的生活拥有无数种可能

1

以前在公司上班的时候，有一次出差，同行的有一位总部高层领导，在酒店富丽堂皇的自助餐厅吃饭，刚好和那位高层领导坐一桌。领导说，他住过很多国家很多酒店，其实最怀念的，是某次野外地质考察，住过的50块钱的小旅馆。

那是西部的一座高原小城。天空和云朵都很低很低，到了夜晚，漆黑的夜空里可以看到明亮的星星，不像在你的头顶，而是在你的周围，前、后、左、右。

人被星星包围着，在宁静的，辽远的地方。多像一个清丽的梦境。

我惊讶的地方在于，原来50块钱简陋的旅馆，是可以被怀念的。

原来不止有五星级酒店，头等舱和爱马仕，才是最好的生活。

后来我得知那位领导，虽身居要职，却偏爱生活的简与素，山珍海味吃得，路边两块钱一碗的馄饨也吃得；宝马奔驰坐得，乡间农夫开的拖拉机也坐得。

2

我想起少女时代我最喜欢的女作家三毛。

三毛的一生，活得自由洒脱、精致而梦幻。

曾被一个细节感动：三毛回国，坐的是末等舱，和山野渔夫、底层平民百姓共处于拥挤嘈杂、混合着各种气味的空间里，却可怡然自得，并和他们打成一片，聊得欢畅无比。

有人问三毛，你是知名作家，为什么和这些人混在一起？为什么不买头等舱，你又不是买不起。

三毛觉得，这些人身上才有最生动的生活。

那位高层领导和三毛一样，都不觉得以自己的身份，应该去住什么级别的酒店，坐什么级别的飞机，和什么级别的人打交道。

他们过的，是一种有弹性的生活。

著名的投资大师查理·芒格也很喜欢弹性的生活，他的公司有自己的私人飞机，却喜欢和普通人一样坐国家航空，他的助理曾经问他，为什么不坐自己的私人飞机呢？

查理·芒格说，因为我喜欢参与生活当中，而不是被隔离在生活之外。

3

什么是好的生活？

如果以物质标准和舒适度来衡量的话，头等舱当然比经济舱好，私人飞机当然比国家航空好，五星级酒店当然比50块钱的小旅馆舒服。

我也曾听很多人这样标榜自己的品位：车子我只喜欢什么牌子，电脑我只用什么牌子，衣服我只会去逛哪几个牌子……把品牌的logo往自己身上一贴，好像就活得比较高级，令人羡慕。

芸芸众生中的大多数，放不下自己的身段，觉得到了某个年龄某个职位，就一定要有怎样的标配，略有不足，就觉得屈就，配不上自己的身份地位。他们焦灼又拧巴，将良辰美景虚掷，我只觉得这样的人刻板又乏味。

因为当你把自己套进一个标准里面，就难免变得坚硬、无趣，作茧自缚。

在我看来，最好的生活，最聪明的活法，就是可以把生活过得有弹性——

不是非这样不可，别样亦可；在任何的际遇和环境里，都可以发现美好和有趣的一面，并心怀感恩；对于偶然和意外，能够迅速适应和调整，把失去活成另一种获得。

听起来很简单，却不容易做到。

因为它考验的是，一个人的心性、格局、眼界和价值观的总和。

4

有一次我跟团去旅行，可能因为是特价的团，整个行程下来，意外连连，惊吓不断。

首先，飞机延误。在机舱里绑着安全带，百无聊赖地等了3个多小时，依然不知道何时可以起飞。这个时候，有人破口大骂，嚷着要旅行社赔钱，要航空公司赔偿损失。我邻座的那对母女，却一直安安静静，时不时发出小女孩快乐的笑声。

在起初得知不能起飞的时候，小女孩也很烦躁，妈妈就读书给她听，渐渐进入故事里安静了下来。后来，她们还一起玩猜字游戏，外界的嘈杂与混乱好像与她们无关。

到酒店的第一个晚上，就下了雨，所以原来安排的篝火晚会只能取消了。很多人也是怨声载道，窝在房间和酒店的大堂里打牌、聊天。我注意到那对母女，向前台借了两把雨伞，然后独自出门散步了。

回来的时候，小女孩的裤子和鞋子上都沾满了泥水，可是她的笑容告诉我，她有多开心，认识了很多在城市里没有见过的动物和植物，手里捧着一把不知名的野花，说要带回北京去。

我不由得很敬佩那位妈妈。只有她在意外和不确定中，从容淡定地发现生活的美好和惊喜。

5

我的一位朋友，全家几年前移居加拿大生活，父母退休之后，也跟过去和他们一起生活。刚开始，朋友担心两位老人不适应，还特意请了一周的假陪他们熟悉环境，带他们到处转转，认识朋友，给他们安排以后每天的节目。

因为父亲退休之前是领导，生活里忙碌热闹惯了，朋友担心他在加拿大，会不会感到失落和冷清，心理落差大。

没想到，一个月之后，父母不仅把生活过得有滋有味，父亲找了个比萨店的工作。朋友很吃惊，父亲在单位里好歹也是二把手，如今异国他乡居然沦落到做比萨？

父亲不以为然，说，终于可以捡起年轻时的爱好，过另一场人生了。

母亲也没有闲着，去找了个古筝的培训班，从零开始学起了古筝，后来在社区的新年活动上还演奏了一曲，因此认识了很多有共同爱好的新朋友。

朋友看着父母并没有像当初他担心的那样，失落，孤单和寂寥，他也由衷的钦佩：他们是多么有智慧的人啊，把生活过得有弹性，把日子过成了诗，每一天都有新的发现和期待。

曾经有人说，"生活在哪里都一样，不一样的是你怎样去生活。"

深以为然。

6

当你觉得读书写作业很苦的时候，你发现澳门的小朋友也要每天早早背着书包，挤着校车去上课，下了课也要参加五花八门的补习班；

当你抱怨工作压力大，薪水又少得可怜的时候，发现美国的年轻人，也会经历一段只租得起廉价公寓，还要还学生贷款的苦日子；

当你感叹日复一日，生活没有新鲜感和激情的时候，你会了解，任何一个行业的佼佼者，都经历过那些机械重复的初级工作，才能一步步走向金字塔的顶端……

为什么有些人，可以在平淡、庸常又忙碌的生活里发现诗意与美好？

因为他们的心是有弹性的，是好奇的，是可以享受最好的，也可以体验最差的。

真的，生活在哪里都一样，不一样的是，你用怎样的心态，怎样的情怀和智慧去生活。

最聪明的活法，是把生活过得有弹性，是拥有一颗好奇的心，一双善于发现美的眼睛。不管顺境逆境，都可以活出自己的光芒万丈，当下即是永恒，眼前便是诗与远方。

任何时候，都不要想着依靠别人，别人不会对你的痛感同身受，也没义务为你过去买单，更不可能决定你未来。不是世界选择了你，是你选择了这个世界。既然无处可躲，不如傻乐；既然无处可逃，不如喜悦；既然没有净土，不如静心；既然没有如愿，不如释然。你，永远是自己的天使。

和有些人相处起来很舒服，因为既能聊搞笑的不正经的话题，也能在某些事情上有独到见解可以分享沟通，不至于严肃呆板或者低级趣味，还懂得换位思考，真心相待，生活里有这样的人相伴会觉得很幸运。

失败的很大一个原因是不懂得换位思考

孙子兵法有云："知己知彼，百战不殆。"而"知己"与"知彼"相比较，"知彼"就更为重要。而对生死相敌的对手，这一条则更为重要。伟大的斗士都是不会随便轻视他的对手的。要做到"知彼"，最好的方法莫过于站在对方的立场看问题。失败者的一个重要原因是，他们从来都不懂得站在对方的立场看问题。

创建了著名的松下电器公司的松下幸之助先生，在做生意的过程中，总结出了一条重要的人生经验：站在对方的立场看问题。

人们交往之间，总有许多分歧。松下幸之助总希望缩短与对方沟通的时间，提高会谈的效率，但却一直因为双方存在不同意见、说不到一块儿而浪费掉大量时间。他知道，对方也是善良的生意人，彼此并不想坑害对方。在23岁那年，有人给他讲了一则故事——犯人的权利。他终于从中领悟到一条人生哲学。凭借这条哲学，他与合作伙伴的谈判突飞猛进，人人都愿意与他合作，也愿意做他的朋友。

松下电器公司能在一个小学没读完的农村少年手上，迅速成长为世界著名的大公司，就与这条人生哲学有很大关系。

这条哲学很简单：站在对方的立场看问题。

故事是这样的：

某个犯人被单独监禁。有关当局已经拿走了他的鞋带和腰带，他们不想让他伤害自己（他们要留着他，以后有用）。这个不幸的人用左手提着裤子，在单人牢房里无精打采地走来走去。他提着裤子，不仅是因为他失去了腰带，而且因为他失去了15磅的体重。从铁门下面塞进来的食物是些残羹剩饭，他拒绝吃。但是现在，当他用手摸着自己的肋骨的时候，他嗅到了一种万宝路香烟的香味。他喜欢万宝路这种牌子。

通过门上一个很小的窗口，他看到门廊里那个孤独的卫兵深深地吸一口烟，然后美滋滋地吐

出来。这个囚犯很想要一支香烟，所以，他用他的右手指关节客气地敲了敲门。

卫兵慢慢地走过来，傲慢地哼道："想要什么？"

囚犯回答说："对不起，请给我一支烟……就是你抽的那种：万宝路。"

卫兵错误地认为囚犯是没有权利的，所以，他嘲弄地哼了一声，就转身走开了。

这个囚犯却不这么看待自己的处境。他认为自己有选择权，他愿意冒险检验一下他的判断，所以他又用右手指关节敲了敲门。这一次，他的态度是威严的。

那个卫兵吐出一口烟雾，恼怒地扭过头，问道："你又想要什么？"

囚犯回答道："对不起，请你在30秒之内把你的烟给我一支。否则，我就用头撞这混凝土墙，直到弄得自己血肉模糊，失去知觉为止。如果监狱当局把我从地板上弄起来，让我醒过来，我就发誓说这是你干的。当然，他们绝不会相信我。但是，想一想你必须出席每一次听证会，你必须向每一个听证委员会证明你自己是无辜的；想一想你必须填写一式三份的报告；想一想你将卷入的事件吧——所有这些都只是因为你拒绝给我一支劣质的万宝路！就一支烟，我保证不再给你添麻烦了。"

卫兵会从小窗里塞给他一支烟吗？当然给了。他替囚犯点了烟了吗？当然点上了。为什么呢？因为这个卫兵马上明白了事情的得失利弊。

这个囚犯看穿了士兵的立场和禁忌，或者叫弱点，因此满足了自己的要求——获得一支香烟。

松下幸之助先生立刻联想到自己：如果我站在对方的立场看问题，不就可以知道他们在想什么、想得到什么、不想失去什么了吗？

仅仅是转变了一下观念，学会站在对方的立场看问题，松下先生立刻获得了一种快乐——发现一项真理的快乐。后来，他把这条经验教给松下的每一个员工。

站在对方的立场考虑问题，你会发现，你变成了别人肚子里的蛔虫，他所思所想、所喜所忌，都进入你视线中。在各种交往中，你都可以从容应对，要么伸出理解的援手，要么防范对方的恶招。对于围棋高手来讲：对方好点就是我方好点，一旦知道对方出什么招，大概就胜券在握了。

当然，有太多的人不懂得如何运用这条规则，这是导致他们人生失败的一大原因。可是，也许他们至死都不知道，由于不懂得站在对方的立场考虑问题，他们丧失了许多可以成功的机会，因为没有人教他们。

不快乐的十个原因：第一，缺乏信仰。第二，总是和别人比较。第三，慢慢缺少感动。第四，不懂得施舍。第五，不知足。第六，把错误或失败归咎于外因。第七，压力大，标准高。第八，不敢坚持做自己。第九，得失心强，就是患得患失。第十，不懂换位思考。

与其幻想

不如行动

如果你想成为一个成功的人，那么，请为最好的自己加油吧，让积极打败消极，让高尚打败鄙陋，让真诚打败虚伪，让宽容打败褊狭，让快乐打败忧郁，让勤奋打败懒惰，让坚强打败脆弱。只要你愿意，你完全可以一辈子都做最好的自己。

大家都在努力，你就别犯懒了

1

毕业第二年，我选择辞掉工作，开始专职写作。因为毕业第一年末，就有出版社找到我，把我大学里写的稿子结集成书。第二年，我拿到了一些稿费，加上平时写的专栏、散稿，算一算整体收入，基本可以维持生计，于是也没多想，在一次和领导激烈争吵之后便离职了。

必须承认，我是个脑子一热就容易犯浑的人，尤其是在做决定这件事上，很容易把未来想得太过美好，把困难想得太过微小。

之前总觉得，自由工作应该是这样一副慵懒的场景：每天早上睡到自然醒，等着阳光漫过窗帘最顶端的时候我才起床，整理好床褥，把书桌收拾一番，烹调好前一天准备好的蔬食，享受最慵懒的阳光和早餐，再泡一杯咖啡，打开电脑便可以开始一整天的写作生活。

可事实证明，这样的生活我只享受了一两个礼拜，便陷入了无限的焦虑之中——因为许多看似简单又很关键的事，比如下一本书该写什么、签给哪家；写完了专栏，剩下的时间又拿来做什么？

我知道，即便是自由工作，也需要有一个明确的规划，所以我很珍惜平时的每一分钟，甚至放弃了更多的睡眠和享受。可即便这样努力，我依然感觉每天无所事事，不知道未来该怎样。

时间在我的焦虑中溜走，当有些专栏到期，杂志想找一些新作者，不再需要我；当很多散稿也时常不被选用刊登；当下一本书不知道能不能出版，该签哪家，我才开始明白，原来自由工作的关键，并不是你只要管理好自由的时间就可以了，更关键的是，这些自由的时间你必须知道要做什么。

我在此之前并没有考虑到，甚至都没有计算好在北京一年的开销，以及我写作一年的收入。

我把银行的单子打出来，把收过的稿费单也拿出来，一算才知道，这半年多，我的稿费居然不及我工作三个月的收入。这证明了一点，我拼命发展的方向错了，对我来说，全职写作并不是一个理想的职业。

所以，通常并不是我们努力得不够多，努力的方向更是至关重要，不是吗？

当我发现专职写作这条路行不通，那马上再投简历，去找一份比较安稳的工作，把写作当成爱好和兼职，便是我如今的出路。要知道，许多事并非"鱼"和"熊掌"的关系，变通一下便可兼得。

浅尝辄止，这个词并不是完全贬义。努力过了，如果不行，换一条路就是了。很多事，没必要等到山穷水尽才肯罢休。

2

减肥，也是在我专职写作那一年多时间发生的事。要知道，我之前可是一个260多斤的胖子。

我一共减了三次，只有最后一次才把体重稳定到还算标准的水平。如果说有什么诀窍，那就是我在这一年多终于明白了一件事：减肥不是说减完了就可以去放肆吃喝，而是你终生都需要对你的健康负责。

总结前两次减肥，第一次是减了三四个月，第一个月减下去十七八斤，可接下去两个月，每个月却只减了七八斤甚至更少，到后面甚至每周体重反增不减，看不到任何效果。

懈怠是自然的事，对胖子而言，没有什么比看不到数字变化更令人丧气的事了。所以，第一次减肥，在第一个平台期到来的时候宣告失败。

第二次减肥，维持了半年多，顺利度过了两个平台期，也减下去三十多斤，可最后失败却是因为饮食上的不节制。

只有第三次成功，是我听到了身边一个邻居告诉我的故事。

他也是个胖子，他这种肥胖，是做运动员之后退役下来，不运动造成的反弹。减肥对他而言，也不是一件易事，甚至他在前面两个月时间，连十斤都没减下去。可他必须坚持，因为他准备和未婚妻订婚，还想要拍一套完美的婚纱照。所以，他一个月接着一个月，早晚各跑一小时。

奇迹就发生在减肥后的第四个月，他的体重开始以每个月十斤的速度迅速减少，身材也从臃肿变得标致。

嗯，他的平台期一开始就降临，直到四个月之后才顺利度过。可之前的四个月如果他没有熬过去，也一定不会看到任何希望。

努力常常和减肥一样，哪一个胖子瘦下来的时候没流过成吨的汗水。只是减重失败的人，可能流下的汗水还不够多，或者付出的牺牲还不够。

那些停在井口的蜗牛，和躲在井下面的青蛙，按理说结果都一样，它们都没有看到整个宇宙，因为它们都没能坚持爬过井口。

3

我在重新工作的时候，多少也算是一名职场老手了。后面带过两个编辑，还有一堆实习生，才发现自己当了领导，和自己做员工的感受是完全不同的。每个身份都会从自身的利益去想问题，我所想的是怎样向上面交差，而他们想的是如何向我交差。

很有意思的是，我对上级报告的时候，估计和下级对我报告是一样的。我会夸大我的努力程度，而上级却一再打压我，觉得你还是做得不够。

当然，我也经常会这么想："我这把年纪都这么努力，可是现在的年轻人怎么说不干就不干了呢"，"大家就不能团结一点，把绩效搞上去吗"，"什么事都要我来管，那你们的意义何在"……

我们一边抱怨着，一边把自己的努力程度和别人去比较，我们夸大自己努力的同时，又加重了对别人的不满。我们很多人都以自我为中心，衡量着周围人的努力。

可是，努力这件事本身常常无法用客观标准去衡量。正因如此，我们才不应该只觉得"只有我一个人在努力，其他人都无所事事"，并且一遍一遍用这种潜在的想法去暗示自己，反倒应该去看到别人身上的闪光之处，认为"每个人都那么努力了，我也不能懒惰"才是。

想一想那些真正生活得很好的人就会知道，他们一定经历过很多、妥协过很多，也努力付出过很多。只是在他们看来，最佳的努力不过是：但行好事，莫问前程。

你说你最怕三件事情，贫穷，不自由，以及没有人爱你。贫穷可以慢慢改善，爱你的人迟早总会出现，而自由，自由这回事其实在于心灵。自由不是懒惰，不是散漫，不是闲云野鹤，而是找到一种最适合你的方式去实践你的价值。

创造自己的命运并不是可怕的东西。无论你选择做或不做，坚持完成或中途放弃，毅然守护或断然抛弃，甘愿接受或选择逃避，你的行为决定了命运的走向，决定人生要以何种形式呈现。所以，你要做的每一件事，就成为自己选择的命运，也关系着未来的命运。

感谢当初的坚持，让我现在没有后悔

上个月，朋友跟一个大佬级别的经纪人吃饭，把我顺道捎上了。刚一落座，那个大佬就讲起前段时间去美国旅行的经历，劝我们好好打拼，争取今后能到那个自由的国度去看看。聊了一会儿见他的朋友还没到，就斟满茶水，给我们讲了一个故事。

他说，我们每个人身体里其实都装着一个宇宙。

阿ken是个香港人。

因为一直怀抱着大陆梦，于是从港大毕业后，他拒掉了香港公司的offer，直接投奔成都。张艺谋说成都是一座来了就不想走的城市，受他影响，阿ken对这座城市情有独钟。

故事的开始就发生在这里。

来成都的前两年，阿ken全然陶醉在自己的游客身份上，靠着家里的钱吃喝玩乐。他异常钟情于火锅，几乎隔两天就会吃一次，还必须是牛油锅底，辣到嘴巴红肿满身大汗才能爽快。最好笑的是，他还喜欢上了打麻将，成都的麻将叫血战到底，一桌四人胡到最后一人为止，他说这种畅快淋漓的"厮杀"打牌方式非常带劲。这份比成都人都还爱成都的情怀，让阿ken短时间内就交到一帮挚友。

到了第三年，阿ken败光了家里给他的钱，回头看身边的人都在各自的岗位忙碌，才从桃花源里醒了过来，开始考虑到生活的问题。对一个普通话还说不标准的香港人，找工作其实不易，多次碰壁，最后因其是艺术设计毕业生，经朋友介绍进了一家婚纱店设计婚纱。

一晃又是两年。26岁的阿ken从刚进店的学徒到自己动手设计婚纱，看似步履不停，却遇见了自己的瓶颈，店铺不大，生意也就还好，况且因为放不下面子的缘故，有些单子还得让给另一个女设计师。那个时候，他骗家人说他在一家外企上班，小日子风风火火的，但实则底薪加提成，一个月下来也就只能解决温饱，根本攒不下钱来，手里靠两张信用卡，拆东墙补西墙勉强地过活着。为了省钱还时常逃掉朋友组的酒局和出国旅行，渐渐的朋友也少了，最喜欢做的事情变成下班后宅在家里枯燥地上网，写写博客。

真称得上是穷困潦倒。

2008年汶川地震的时候，阿ken接到了笔大单，说是那个要嫁人的富二代是阿ken博客的忠实粉丝，点名要他设计的婚纱。第一次见面沟通被对方邀去仁和春天顶楼的咖啡馆，他丝毫不敢怠慢，打扮得油油光锃亮地去了。

还没来得及消化女生的劲爆身材，就地震了。当时大地就像哀号似的，天瞬间暗了下来，所有人都疯了，四处乱窜，尖叫声和杯子的破碎声此起彼伏。阿ken想都没想，拉起女生就往应急通道跑，女生吓得一边哭一边叫，高跟鞋都跑掉了，于是他不管人家同不同意，直接拦腰把她扛了起来。小小的楼梯间止不住地晃悠，天花板一直在落灰。那种恐惧，看客们无法感同身受。

两人安全到了街上，乌压压全挤满了人，女生下了地站不稳，整个人就摊在阿ken身上，他当时非常尴尬，因为她的胸，真的太大了。

后来事情的发展非常顺天意，女生逃了婚，跟阿ken好上了。但女方的家长一直对他耿耿于怀，见面聊了工作后更是戴上了有色眼镜，"不可能"三个字给了他们这段恋情最好的回应。

地震后余震不断，整个城市都人心惶惶的，阿ken一慌神不小心向妈妈说漏了嘴，给家里人知道他在婚纱店工作，于是家里人坚决反对，劝其改行。面对家庭和爱情的压力，他感到前所未有的彷徨。

好在那个大胸女生是个典型的"我喜欢谁关你屁事"的白羊座女孩，瞒着爸妈偷跑去阿ken的店里，一有机会就给他加油打气。久而久之，他被女生感染，于是重新振作，跑去女生家立誓说，给他一年时间，如果还是没有改变，他就放弃女生。

说实话，这份冲动不全是女生给的，而是他真心觉得自己在设计这块可以搞出名堂，他也从未想过离开这座城市。而爱情给他最好的助力，就是有了责任以后，自己的行为不会太荒唐。

阿ken说他有次无意看了张艺谋的一个采访。他说当初拍《活着》的时候，他可以跟葛大爷谈剧本到凌晨三四点，葛大爷撑不住睡着了，他就看着身边的工作人员谁眼睛还睁着就跟谁说。跟张艺谋合作过的人都说他精力特别旺盛，一进摄影棚就亢奋。

亢奋绝对是做一件事最源头的动力。

就好比习惯早起的人，拉开窗帘后看见蓝天白云就莫名兴奋，厨师看见食客狼吞虎咽地吃自己做的菜心里就觉得异常满足，摄影师遇见一个好模特，一股脑拍完才能发现自己满身都是泥泞。

怀着这份心情，阿ken花了半年时间，让自己彻底爱上画婚纱，然后没过几月，他就被一个国内知名的独立设计师团队挖去当设计总监，北京成都两地飞，加上自己是香港人的优势，让内地的客户有种国际化的归属感，赚得盆满钵满。

再问女生他们的恋情如何归置时，对方却说她要移民了。

明白事已至此，阿ken没有多挽留。在双流机场跟她告别时，女生抱住他的脖子，在肩膀狠狠咬了一口，说放弃她吧。阿ken没有回答，只是拍拍女生的背，像是安慰。

成都刚进入夏天，一切都变得慵懒且随意，让闲适的节奏更添几许，只是地震后的天府之国，鲜有蓝天，每天都是雾蒙蒙的。女生走后，阿ken经常去他们相遇的咖啡馆小憩，想起当初他扛着女生逃跑的画面，觉得又可笑又励志。

这些年，他们靠手机联系，有时候实在忍不住了，阿ken会飞去美国找她。于是不管女生之前是刻意不回短信还是一而再再而三叫嚣着分手，见到他后必会以缠绵代替。来来回回几次，女生的父母只好睁一只眼闭一只眼，默许了他们这段异国恋。

直到11年年底，女生突然跟阿ken说她订婚了，这次是她喜欢上对方，逃不了抢不了。不信邪的阿ken飞过去想弄清事情的原委，结果出了机场，就看见那个所谓的未婚夫在宾利车里等着他，然后非常友好地带他去参观自己的制药厂，吃了当地最昂贵的西餐，并承诺会爱她一辈子。如同坐了一次跳楼机，心情直上直下，阿ken面如死灰地默默飞回国。

女生结婚之后，因为老公抽大麻闹得有些不愉快，找过阿ken几次，但对方的手机成了空号，一切聊天软件的头像都是黑白，问身边的朋友，也说他就跟消失了一样杳无音讯。后来，她老公的制药厂被警方查出来做毒品加工，背后竟牵扯起由她老公牵头的国际贩毒链条，女生被证实清白后吓得跟他离了婚，跟家人搬到纽泽西的一个小镇上生活。

故事到这里暂且画上句号。

经纪人大佬抬手跟前来的朋友打招呼，等到那个穿着风衣的男人一落座，我跟朋友惊着了，那张脸作为金牌影视制片人经常出现在新闻上。经纪人简单介绍了他，除了投资影视，还有自己的服装品牌，就连去年双十一淘宝流量最高的那家护肤品店也是他的。

我跟朋友默默在旁边听着他们的谈话，风衣男一直在询问人才输送和绿卡的问题，看样子是准备移民。经纪人打趣说他坚持了这么久终于可以过去了，起初我俩不明白，后来走的时候，他轻轻在我们身边说，他就是阿ken。

那晚我失眠了，想到阿ken消失的那两年，一定做了最大的坚持，如同当初坚持设计婚纱一样，坚持让自己更有能力去追回那个女生。

我们现在所经历的迷茫和窘境，其实就归咎于过去不愿面对的改变或多年来不曾根治的恶习，如果因为做一件事而无法坚持，那么到了20多岁需要对外界承担一份责任时，就欠自己一个交代。

我相信，阿ken去了美国后，一定会在纽泽西跟女生相遇，上天会给勇敢的人最好的福气，好弥补他们动荡的那几年离合，也证明他当初的坚持，没有让自己的后半生有丝毫悔意。

别给自己找太多放弃的理由，因为比你好的人还在坚持。而这个世上所有的坚持，都是因为热爱。

祝我们再遇见，都能比现在过得更好。

梦想是一个说出来就矫情的东西，它是生在暗地里的一颗种子，只有破土而出，拔节而长，终有一日开出花来，才能正大光明地让所有人都知道。在此之前，除了坚持，别无选择。

如果一件事情困扰你很久，为此你妥协过，改变过，怎样都让自己不满意，不如尝试彻底放弃。也许一刀下去，恩断义绝，完全死心，整件事情变得与你再无关系，你会发现自己从未像现在一样如此轻松过，就像潜伏了很久，终于把头透出水面的呼吸。

还能坚持，就别说妥协

换了一份新工作，是一家外企，听到新同事们用英语直接交流，我好生羡慕，却也无可奈何，尤其对我这样一个英语底子薄弱的人来说，短时间内提升英语，似乎太难了。

一个主管王凯看到我那么着急，说他可以帮我学英语。他之前是一家英文培训机构的老师，可以毫不费力地帮我把英语提高上来，但前提是我得配合他的要求。

王凯把要求写在了一张白纸上，让我每天看那张纸，比如，早晨起来要拿出半个小时读英文，中午听BBC，晚上睡觉前看单词。除此，内心还要保持简单，就是短时间内，什么都别想，就想我要学好英语，一定要学好。

我点头答应："好的，好的，这个好实现呢！"

他笑了："不见得好实现，试试看！"

结果，我坚持不到一个星期，就气馁了。说真的，他的要求看似简单，但在执行的过程中，我却发现，日常琐碎会打破这些计划。比如你正背着单词，却发现还没有吃早餐；吃过午饭，你想听BBC，却困得睁不开眼睛……

我把这些苦恼讲给王凯听，凯哥笑了，你这些困难每个人都要面对的。事实上，决定成败的并非我们遇见的困难，而是我们在困难面前的反应。有人会妥协，有人会逃避，有人会换一个方向，有人会盲目地离开，也有人会想办法去攻克……

　　当年凯哥是体育大学毕业的体育生。毕业那年，一场意外伤到了他的腿，一个暑假，其他同学都在找工作，只有他一个人默默地躺在病床上，煎熬着时光。好消息陆续传来，但都不属于他。大学毕业，丢给他的仅有失望与遗憾，他不能做体育老师，却也没有其他的打算。他躺在病床上，眼睛瞪着天花板，青春在那段时间似乎一下子就过完了，他意识到自己要为前程做一个打算，定一个目标。

　　他的心是悲观的，甚至有些不自量力。他一边规划一边嘲笑自己，突然觉得那么无力、无能，身为七尺男儿，居然无法站稳，还要在这里谈论人生规划？

　　一怒之下，他撕掉手面上正在打点滴的针头，看着流血的伤口无动于衷。此时，一个坐着轮椅路过他病房的女孩见状，赶紧喊来医生，为他包扎伤口。

　　女孩站在他的病床前，与他分享自己的故事。她也是一所名校的研究生，现在读二年级，本来要去美国做交换生，她一直觉得自己是世界上最幸运的女孩。一天早晨醒来，她却发现自己的腿肿了，她一开始以为是劳累所致，并未想那么多，腿越来越肿，肿到她无力行走，妈妈曾责怪是她太娇气，还特意带她去中医院按摩，当中医建议她住院治疗时，她才意识到事态的严重。

　　她只知道自己得了重病，却不知自己究竟是什么病。她在这个医院住了很久，一开始也有想过要轻生，后来却觉得人终有一死，想死得有尊严一点。可对于一个不知自己病情的人，一个不想打破此时宁静的人来说，有尊严的死也是一种挑战。

　　于是，她只好坐着轮椅，在病房里来回晃动，帮助一些需要帮助的人。她说，自己并不是信佛之人，但她依然相信善意的举动或许能帮到自己的来生。女孩是悲观主义者，她却想用仅有的力量帮到别人，换来一点点乐观，以及生的尊严。

凯哥听到这里，早已被感动得不知所措，想想刚刚的举动，自己真是太鲁莽了。他开始自学英语，梦想成为某英语培训机构的英文老师。他不再把注意力放在自己的腿上，每天早晨醒来，第一件事就是背单词，晚上睡觉前抄写英语文章，除了睡着，他醒着的时候都用来学英语。他逐渐忘记自己还是个病人，也不再羡慕那些毕业就能去做老师的人，他只期待自己赶紧好起来。

终于，一切如他所愿，他成了某机构的英文老师。他一路向前努力着，每天上课时，他都会寻找与女孩相似的脸庞，他期待看到她，一直牵挂着她，却再也没有见到她。

茫茫人海，有时候某一束亮光突然照在我们身上，我们便成了另一个人。一个悲观主义者的内心悄然升起希望，一个几乎绝望的人开始向往梦想的生活，并且开始行动去帮助他人，而这就是女孩所说的有尊严吧！

我们总期待，人生啊，再平坦一些吧，命运啊，请不要给予太多离奇，可我们的双脚常常就踩在那泥泞的路上啊。

平坦的陆地上，纵使你跑去，也留不下任何脚印；而泥泞的路上，无论你的心有多么悲伤，那脚印都能深深印在大地之上，它在告诉你，你来过，你真的来过，你曾在这里发生过故事，你接受过命运的考验，曾跌倒过，后来从容地爬起来，拼尽全力地跑过去，虽然满身泥泞，却也无比精彩……

毕竟，能落到地面上的并非眼泪，而是一步一个脚印。

年轻最大的好处就是随时可以让自己重新开始，无论何时何地。有人失败后学会了总结，有人失败后学会了抱怨。总结过去意味着你会有新的未来，抱怨现状只意味着你妥协了命运。读书或创业只是改变的途径之一，真正的改变只能靠你自己。做一个会努力能独立不抱怨的人，人生或许才完整。

生命是一场充满意义的旅行，只有经过崎岖的山路，才能体会到脚下的踏实，只有敢于迎风而上，才有搏击巨浪的魄力。学会欣赏风景，从风景里找到温暖。你若淡然面对人生，生命自会还你最初的美好。感恩生活，敬畏生命，做个微笑的向日葵，不管世界如何转动，都能找到属于自己的温暖，从不低头，向着暖阳。

很多问题，做着做着就没了

1

作为一名写作培训讲师，我被问到最多的问题就是：

老师，我不知道自己适合写什么类型怎么办？

我不知道哪种文风适合我怎么办？

我想专职写，又怕赚不到钱怎么办？

我每次的答案都很简单，那就是你不停地写写写，写着写着，你所有的迷惑都会烟消云散。

其实我当初写作时，同样也有类似的迷惑。

我不知道自己适合写什么，不知道要选择哪种文风，不知道自己能不能赚到钱，不知道自己在这条路上能走多远。

这些迷惑让我很不开心，也浪费了很多的时间。但我始终想不明白，所以始终有迷茫。

后来因为丢了工作，想给自己一个机会，于是我做了全职撰稿人。那时候已经没有退路，因为我知道，这一辈子我可能就只有这一个做全职的机会，如果做不好，肯定乖乖滚出去找工作。

那段时间我特别努力，每天早早起床，写文章，投稿，看别人的文章，看新闻，看书，找素材。就连出去逛街，一边看着琳琅满目的东西，一边在脑子里构思文章。

除了吃饭睡觉，所有的时间都留给了写作。其实即使在睡梦中，还是会想写作的事儿，常常半夜爬起来把灵感记下来。

这样努力了几个月后，文章开始铺天盖地地发表，看着一沓沓的稿费单，能不能靠写作赚钱的这个迷惑终于变得清晰明朗。

那时候我是什么类型都写，只要我觉得自己能写的，基本上全都写了一遍。然后在这个过程中，我慢慢摸索出一些经验，知道哪些文体是受欢迎的，哪些文体是冷门的，哪些文体是没有办法出书的，哪些文体是只能流行一时的。

根据这些经验，我开始做一些调整，写受欢迎的，以及可以长时间流传的。那种过几天就会被淘汰的文章，那种求奇求怪的文章，我慢慢不再写。于是，写什么类型这个问题也得到了解决。

我当然也试过很多的文风，唯美的，幽默的，逗比的，朴实的。我自己并不知道哪一种是适合自己的，只是怎么顺手怎么写。

后来有读者说，你的文章很幽默很朴实很接地气，我好喜欢。于是我知道，朴实和幽默是适合我的。或者说，是我能够轻松驾驭的。于是，写什么文风这种问题也迎刃而解。

经历过这些，我很能理解大家对各种问题的迷惑。但是我要告诉你的就是，当你迷惑的时候，你不用到处找答案，最正确的方式，就是好好地写，努力地写。

当你做得足够好，所有的迷惑都会拨开云雾见日出。

有位姑娘给我留言，她说刚刚找到工作，是一个很无趣的岗位。在这个岗位上，她看不到任何前途。

我问她，如果不做这份工作，你能做什么？

她想了想，说：我也不知道自己能做什么，而且，我也不知道自己喜欢什么，适合什么。我是不是很糊涂，是不是没救了？

当然不是，这是很多年轻人的困惑。很多人都是这样，不知道自己能做什么，也不知道自己喜欢什么。唯一可以确定的是，他们不喜欢目前的工作。

我对姑娘说，既然你什么都不知道，那现在只有一条路，就是做好你眼前的工作，尽你最大的努力，把它做到极致。

这话姑娘听进去了，她开始调整心态，积极主动地去工作。即使是一件无足轻重的小事，她也全心全意去做，尽量做到不出一点差错，尽量去提高效率，去让整件事情更完美。

以前工作时总想偷懒，有些麻烦的事情不愿意做，现在不管有多么麻烦，哪怕是顶着烈日出去做问卷，她都毫不迟疑。不但去做了，还会在这个过程中不停地总结、反思。

她的努力大家当然看得到，她在办公室的存在感越来越强，与此同时，她自己也学到了很多东西，得到了很多经验。

后来领导把比较重要的事情交给她去做，她同样全心全意做到最好，再后来，当然交给她做的重要事情越来越多，而那些不太重要的事情，都慢慢转移到了新员工的头上。

现在她已经做了小组长，有了自己的小团队。那些曾经让她迷惑的问题也都有了答案。

她说，她现在知道自己适合做什么了，也知道自己喜欢做什么了。

只要你用心去工作，在工作中不断磨炼自己，提升自己，慢慢你就会发现，所有的迷惑都被抛到了脑后，很多事情都变得越来越清晰明了。

3

昨天看稻盛和夫的《干法》，他在书里讲了自己年轻时的经历。

大学毕业后，他进入一家很糟糕的公司。所有人都表示同情，即使到小卖部里买东西，老板娘也会一脸同情说，你怎么进了那样的破公司？

他对这家公司很失望，整天抱怨个不停。

跟他一起进来的小伙伴们一个个辞职离开，他也想辞职，但那时辞职比较麻烦，需要家里寄户口簿过来。哥哥不同意寄，怪他瞎折腾。

也就是说，他根本就没有别的路可以走，只能在这家公司继续待下去。

他为此抱怨了很久，也沮丧了很久，他不知道自己的未来在哪里，他不知道如何面对别人的嘲笑，他对所有的一切都感到迷茫。

但后来他意识到，一直这样下去，根本于事无补啊，不如好好工作，说不定还有转机。

于是他真的好好工作了，每天都干劲十足，甚至抱着自己的产品睡觉。当然，有时间还会看专业书籍，不断地给自己充电。

这样的努力，终于有了成效，他研发的产品得到了市场的认同，他在公司也变得越来越重要，甚至到后来，以他一人之力，挽救了濒临破产的公司，为公司赢得了源源不断的订单。

后面的事情不再有悬念，他创立自己的公司，他变得越来越优秀，一步步走上人生巅峰。

曾经的那些迷惑还在吗？

当然不在了，不然也不会写书告诉大家，好好工作，好运就会降临。

4

我们都会有迷惑，这很正常。但是，当你迷惑的时候，请你不要仰头望天，而要低头看着手里的工作，专心把它做好。

当你积极主动地去工作，把全部的心思花在工作上，不断地去提升自己，不断地去总结经验，慢慢地你就会发现，好运悄然降临。那些迷惑，全都在这个过程中有了答案。

我们之所以迷惑，就是因为我们想得太多，做得太少。

很多问题，做着做着就没了。

你所能做的，就是让自己更快、更强。所谓的永远，只是自卑的借口，强者不会选择等待。因为永远究竟是多远，谁也算不准。做一个简单的人，踏实而务实。不沉溺幻想。不庸人自扰。真正的坚韧，应该是哭的时候要彻底，笑的时候要开怀，说的时候要淋漓尽致，做的时候不要犹豫。

你不勇敢，没人替你坚强。只有经历过地狱般的折磨，才有征服天堂的力量。只有流过血的手指才能弹出世间的绝唱。即使前方有阻碍，奋力也要将它冲开，运用炙热的激情，转动心中的期待，血在澎湃，吃苦流汗算什么。不要生气要争气，不要看破要突破，不要嫉妒要欣赏，不要拖延要积极，不要心动要行动。

你有理想，然后呢？

M大学念的新闻专业，毕业之际去广电面试。面试快结束的时候，面试官问了他最后一个问题："你有新闻理想吗？"

M嬉皮笑脸地说："其他的嘛我有，但新闻理想呢……一定是没有的。"出乎意料地，M被录取了。这件事在M的朋友圈中被传为一段"佳话"。

后来得知，同去面试的几位同学中，凡是回答"有新闻理想"的全被刷下来了。本来，当时的M已决意破罐破摔，未曾料想，竟然因祸得福。

此后的两年中，M时常用这个问题叩问自己："我到底有新闻理想吗？"

1

短短两年中，M的上司、同事，已经有好几位陆续离开了所在媒体。要么去了互联网公司，要么投入内容创业。留下来的人中，无一不为自己的前途感到忧心忡忡。

作为入行不久的新人，M更是困惑。毕竟，同龄人中，月薪8K、10K者已经不是少数，而自己却拿着仅能勉强维持生计的工资，惶惶不可终日。"理想能当饭吃吗？并不能。"

去年十二月，女友提出要和M分手，原因是家里催婚，"不能再等了"。她把微博上看到一段话发给他："男人最遗憾的事，是在最无能的年龄遇到了最想照顾一生的人；女人在遗憾的事，是在最美的年华遇见了最等不起的那个人。"

M看完无言以对。回想起毕业之际二人信誓旦旦要在帝都扎根的豪情与甜蜜，心里更是苦涩。女友离开北京的那天晚上，M给她发了最后一条短信：

"你走，我不送你。你来，无论多大风多大雨，我要去接你。"

本意是希望女友要是回去后悔了可以再回来。如今看来，只觉得自己傻得可爱。

2

刚过去这个春节，回想起来像是一场闹剧。

年假七天，有四天被老妈"强制"安排了相亲。前前后后见了七八个女孩，有远方亲戚的表妹，有周遭近邻的闺女，长得都不难看，却没有一个聊得上话。

相完亲去参加同学聚会。恍然发现，当年的发小一个个有车有房，小孩儿都打酱油了。

中学同学A说："大学生，现在应该在帝都买房了吧？"

高中同学B说："诶，来来来，喝一个，结婚的时候记得请我喝大酒啊。"

……

每一句寒暄都令M胆战。

整场聚会，M一直以"嗯嗯啊啊"来"应付"。并不是不喜欢说话，而是已经不知道怎么与儿时的玩伴沟通了——这种隔阂，让M自己都觉得惊讶。第一次感觉到"故乡"这个词如此陌生。

回到家，父母轮番轰炸，让他放弃北京的工作，回老家考公务员。M眉头紧锁。既不愿违背自己的内心，也不想让父母心寒。

"回本地找工作？绝无可能。"毕业那会儿回家乡实习的日子还历历在目。

"小城太安逸，节奏太慢了，适合养老，不适合奋斗。"

经过一番复杂的心理斗争，M还是毅然踏上了返京的列车。

3

M的直属leader，是一个四五十岁的小老头，可以说是整个台里唯一一位有"新闻理想"的人。但整个台里，也就数他混得最惨。他已经在台里工作了十几年，和他工龄相仿的早就在帝都买房买车了，他却一直住筒楼、挤公交。

这位上司非常"执着"。因为行业的特殊性，许多时候，有的选题，鬼都知道明知无法通过，他依然坚持提交。结果毫无意外的是被打下来，作废。但下一次，他照提交不误。为此，台里的同事都取笑他迂腐。这一点，让M既崇敬，又绝望。

当年学新闻，确实是自己的志向，但真正做了新闻，发现这是一个令人绝望的江湖，很多时候，都在做心理斗争——与正义，与道德，与内心，与体制。当然，最令M不堪忍受的，还是穷。

这是一个没落的行业，凭着夕阳的余晖苟延残喘的行业。眼看资深的同事接二连三出走，M心中的怅惘更是无以复加。

在电影《当幸福来敲门》中有个这样的片段：

克里斯在篮球场上问自己的儿子小克里斯托弗长大后想做什么，小克里斯托弗兴奋地表示自己以后想成为一名篮球运动员。而克里斯却说我认为你运动是挺棒的，但是投篮方面并不是很适合成为一名篮球运动员。小克里斯托弗沉默了一会后把球扔到一旁，说，知道了。

克里斯马上意识到了自己的错误，蹲下来认真地告诉小克里斯托弗："记住，永远不要让别人告诉你不能做什么，那个人是我也不可以。"

是的，就算克里斯刚开始说的是一句客观的评论，但却是在给小克里斯托弗下了一个"你不行"的定义。就像他的妻子认为他考不上那个唯一的股票经纪人名额，但他现在是全球十大最伟大白手起家的企业家之一。

即使是井底的那只娃，它最后也跳出来了不是吗。

勇敢地前行吧，还有什么是实现不了的呢？永远不要给自己下定义，把自己的能力与天赋框在一个小小的围栏中。

不是井里没水，是挖的不够深，不是成功来得慢，是放弃的快。所以成功不是靠奇迹，而是靠轨迹。美好生活要有四度空间：宽度，深度，热度，速度。成功者的工作状态需具备五动：主动，行动，生动，带动，感动。送给在奋斗在路上的同路人。失败的人习惯了放弃，而成功的人永远选择坚持！

努力的意义是什么？是为了看到更大的世界。是为了可以有自由选择人生的机会。是为了以后可以不向讨厌的人低头。是为了能够在自己喜欢的人出现的时候，不至于自卑得抬不起头，而是充满自信，理直气壮地说出那句话：我知道你很好，但是我也不差。

努力到足够理直气壮

1

大四的时候，我在一家翻译工作室实习，Boss是大我十二届的学姐。我常在私底下叫她"唐顿大小姐"，因为她是我见过气质最好、活得最知性优雅的女人。

在我实习的几个月里，她每天都是职业装、高跟鞋，妆容精致，笑容也不失温和。工作起来却又气场强大，浑身散发着女王的气息，简直让我崇拜到不行。

毕业季即分手季，我也没逃过。那段时间我失恋，整个人颓废至极，每天精神恍惚着去上班。

那天下班后，我一个人呆坐在公司楼道里流泪，恨男友离开得如此决绝，丝毫不念我们三年多的感情，也恨自己在这段感情里的失败无能。突然，有人递给我一张纸巾，我抬头，学姐不知道什么时候已经站在我身边。

我抖着肩膀说，我知道哭没用，可我除了哭，什么都干不了啊。

她笑得温和，认真地对我说：不就是失恋吗？这个时候，除了哭，你什么都应该去做，比如努力生活、努力赚钱。

2

我该怎样来讲述学姐的故事呢？失去父亲的女儿？被赶走的女友？努力生存的女子？优雅的女王？

学姐说，这么多年来，她从未忘记过曾经在医院门口痛哭不止的自己——那样孤独而无助的自己。

那年冬天，她正为了出国留学没日没夜地复习，父亲突然被查出了癌症。她呆立在医院的长廊，默默流了一晚的眼泪。第二天，她卖掉自己的复习书，对母亲说，不管怎么样，都要给父亲治病。

手术、化疗，很快就花光了家里本就不多的积蓄。母亲咬牙把房子抵押了出去，亲戚朋友也借了一遍，可父亲的病仍是一日比一日严重。

新年过后不久，父亲离开了，没有留下只言片语。那个深夜，她蹲在医院门口痛哭不止，灯光昏黄，拉长了她的身影，孤独而无助。

她终于理解了那句话：树欲静而风不止，子欲养而亲不待。

时光太快，岁月太疾，母亲如今也已两鬓斑白。她告诉自己，不能再像个永远受到父母庇护的孩子了，她要赶快长大，来为母亲遮风挡雨。

3

作为一个女孩，也必须要自强自立，这是她在和男友分手后才想明白的。

她和男友吵了架，男友愤怒地冲她大吼："滚"，她一气之下收拾了行李摔门而去。但当她拎着行李站在寒风中时却发现自己无处可去，夜灯忽明忽亮，她的倔强却疯了一般地成长开来。

她告诉自己，一定要努力赚钱，要依靠自己的力量创建一个独属的家。

从此，她一头栽进了努力的道路，拼命工作，周末兼职给别人翻译资料，反正是能挣钱的活儿全都做。她说，不知道自己还会不会再遇上爱情，但被人赶出家门流浪街头的伤疤，她永远不想再有第二次。

攒够了一套房子首付的时候，她马上买了房，然后把母亲从老家接来。住进新房的那天，她躺在柔软的大床上泪流不止，她在心里想，她终于拥有了自己的家，再没有谁有资格赶走她。

她终于可以昂首挺胸地去寻找自己憧憬的爱情，也终于能在自己喜欢的人面前骄傲地说出那句话：你给我爱情就好，面包我自己买。

4

还清房贷的那一年，她三十岁。然后，她做了一个很重大的决定，辞职出国留学。朋友和同事都劝她，打拼这么多年，好不容易有了如今的事业地位，现在她要为了留学而放弃这些，太不值得了。

这些她不是不明白，可她不甘心啊。当年，她放弃出国留学是因为父亲病重，那是没有办法的事。可现在不一样了，她有了足够的实力去支撑梦想的绽放。所以，她要追一追自己的梦想，她要去寻找更好的自己。

还好，外语专业的她底子还在，在国外的两年，虽然辛苦，但她生活得很充实。白天上课、跟随老师做项目，晚上在家做一些从国内接的翻译工作。等节假日，她就满世界飞，去巴黎，去罗马，去纽约，去看那些梦中的繁华，去享受那些更大的世界。

回国后，她成立了自己的翻译工作室，和一帮志同道合的朋友做着自己喜欢的工作。她说，现在觉得每天的生活都洋溢着幸福的气息，这才是她渴望的生活，她终于活成了自己梦想中的样子。

踩着高跟鞋走在公司发出"嗒嗒"声的时候，她总是自信地笑，想起很多年前自己记在笔记本上的一段话：努力的意义是因为将来会拥有选择的权利，选择有意义、有时间的工作，而不是被迫谋生。当你的工作在你心中有意义，你就有成就感。当你的工作给你时间，不剥夺你的生活，你就有尊严。成就感和尊严，带给你快乐。

5

直到现在我毕业工作，在社会上不断地摸爬滚打，我才终于明白当年学姐对我说的话。

自由，平淡，这种生活从来都不是口中说出的那么简简单单，轻而易举。因为你有太多的牵挂、太多的责任，也要有太多的担当。

生活中的很多事情注定是琐碎而毫无意义的，但这并不是你自甘平庸的托词和借口。因为你永远也不知道，下一刻，平淡如水的生活会掀起怎样的惊涛骇浪。

你的眼泪没有用，你只有从身体到物质到心灵，不断地变强，再强，更强，才能在命运的折磨突如其来时，最大限度地保护好自己和你在乎的人。

青春掩盖了很多问题：穷，没问题，年轻时候的穷理直气壮；缺乏保养，也OK，底子不差就行；懒得锻炼，新陈代谢高啊，不容易胖；脾气差，毒舌也挺可爱。等青春的遮羞布拿开，穷懒丑就都掩饰不住了。青春是一滩潮水，潮水退了，才知道谁在裸泳。裸泳的人，当然会觉得这潮水是如此重要。

成长就是你哪怕难过的快死掉了，但你第二天还是照常去上课上班。没有人知道你发生了什么，也没有人在意你发生了什么。关于你的未来，只有你自己才知道。既然解释不清，那就不要去解释。没有人在意你的青春，也别让别人左右了你的青春。

让你的青春之花开不败

山师本部的樱花快要盛开了，在这个青春的季节，在这个花开不败的季节。

恐怕我的老师或者说我自己也没有想到我会有这么一天吧，我这种曾经倒数的学生居然也能站在这样的好的大学里看这样美的樱花纷飞。似乎有些美好到不真实了，然而又有什么不真实呢，我用自己的努力换来的有什么不真实！

也许我早就该写下我对过往的追忆了，可是我很害怕，害怕去回忆那些苦的痛彻心扉的日子。前几天，在贴吧写了一个学习攻略，遇到很多人向我倾诉他们的迷茫与彷徨。看着他们张皇地走在我曾走过的路上，作为一个过来人，我想我有必要告诉他们我是怎样走过这段荆棘密布的青春路了。

一只蜗牛的十八年

高考完，拿了全校第二。

很多人说，周墨白你真厉害，简直文科天才。

天才？听起来流光溢彩，这是多么美好的一个词啊。可是事实呢？

这样一个轻描淡写的词就抹去了我十几年的努力吗？我的成就难道是天赐的？

我想除了我的父母和我没有人能懂得为了高考那个成绩我付出了多少的努力。

1997年，我出生。

2000年，依旧不会说话。

父母怀疑我是哑巴或者智力缺陷，去医院检查，医生判断为语言学习迟缓。人们常说"三岁小孩惹不起"，三岁小孩该有怎样的表现我想大家是清楚的。我想我天生就不是一个学习的好材料吧。

2003年，小学。

我终于上了一年级。因为一直在农村长大，和城市小孩的教育不同。当城市小孩学儿歌的时候，我学会的是抓泥鳅，更加讽刺的我竟然还学会了抽烟，听说后来用了很久才戒掉。于是，当同学们唱起"春天在哪里"的时候，我是迷茫的。

于是，当同学们熟练地从一数到一百的时候，我是迷茫的。

一颗野惯了的心想一下子收起来是很难的，第一天因为看高年级的同学弹玻璃球忘了进教室被罚站在外面，第二天忘记带作业本。第三天学习拼音，不知道是否是天生的语言学习迟缓，我完全不能理解为什么"b"和"ai"就能发出"拜"的音。那时候我还不知道有一个词叫作"偏见"或者"成见"，但是我现在明白从那时起班主任就对我有了成见，可能她觉得我就是一个后进生的好材料吧。

事实也确实如她所料，我果然成了一个后进生，还是最无能的那种。有些人学习差但是体育好，而我，一无所有。

班主任安排座位很有意思，一二年级总是成绩好的坐在前排，成绩差的坐在后排。为了坐得靠前一点，我努力地学习着。后来，我发现学习好的也坐到了我的周围，前排变成了一些买得起名牌的同学。

这下终于断了我坐到前排的希望。

于是，那六年里我的座位一直在后三排不停地徘徊，而且大多数时候我是和垃圾桶为伴。父母常说："你是从垃圾堆里捡来的。"我想我这几年倒是一直感受着家的味道。

这感觉真好。

我从来没有见过那样势利的一个老师，至今没有。

我也从来没有那样恨过一个老师，至今没有。

按说在这样的环境下，遇到这样的人渣老师，我应该是要成为那种已经走向或者将要走向犯罪深渊的人的。可是没有，我要感谢我的父母和我六年级的那位数学老师。

很幸运，我的父母没有放弃过我，无论在三岁那年我还不会说话的焦急还是一年级第一次考试57分的失望。

上帝啊，我的父亲是一个大学生啊！在他那个年代，一个村、一个县能出几个大学生？那是真正的天之骄子啊，每每想到这里，当有人说我是学霸是天才的时候，我都万份羞愧的，我不及我父亲万分之一呀！我常想，如果我有这样一个愚钝的儿子，我大概早就放弃了吧。大多数的父母大概早就放弃了吧。

我记得小学的同学里有一个和我的成绩一样，她的妈妈和我的妈妈是同事。可是在他不及格的时候，他的妈妈只会打骂他，平时也只顾着打牌从来不管他。后来小学毕业以后就再没见过他，也失去了他的消息，有没有上初中也尚未可知。

所幸，我的父母一直没有放弃我。

不会说话，我的父母就一遍遍地教我说"爸爸""妈妈"……

不会拼音，我的父母就一遍遍地重复"b""ai""拜"……

因为父母的坚持，我在求学的路上慢慢地拖着。像一只笨重的蜗牛，缓慢但是依旧向前。

于是，一年级不及格，二年级刚及格，三年级七十，四年级八十，以后的以后稳定在九十分。也就在这个时候，我遇到了我人生最重要的老师——李老师。

我这个人很记仇，我记恨过的老师也许占到了教过我老师的一半。

我这个人很淡漠，我感恩的老师也许只占到了教过我老师的十分之一。

李老师就是那少之又少的能被我感恩的老师，不想去说他的教学水平有多高，也不想说他的教学态度有多认真。

我这些年遇到过很多老师，借补课之名收补习费的十之八九，坚持不补课的已属高风亮节，唯独李老师补课但是不收取一分钱，还会给学生做吃的当奖励。而且，我从没见他歧视过任何一个学生，哪怕是那些班主任连一个白眼都懒得给的学生。

我曾亲眼看到过李老师摸着那个最不受人待见的学生的头，并鼓励他好好学习。

当年不觉得有什么，现在每回想一遍便多一份感动。

很多时候，真的是需要一个好的领路人。

2010年，初中。

初中三年，换了三个班主任。

第一个是一个暴力狂。我似乎不能举出一个没有被他打过的男生的名字。很多次我都有过一刀捅死他的冲动，不过一次次地被理智压了下去。有人说"棒槌之下出状元"，虽然在他的淫威之下，我的成绩有所提高，但是我觉得在那样一个性格塑造的年纪，恐怕是弊大于利的。否则，今天的我怎么会有这样重的戾气。

第二个也是一个势利眼，不仅势利而且虚伪。我很讨厌那样的人，我觉得那样的人不仅不配为人师表而且连做人都是多余的。于是，这一年成绩飞快地下降，从全区前一百掉出了全校前一百。没什么好说的，怪只怪年少轻狂，有时候做事太情绪化，做了些仇者快亲者痛的事情。

我相信和我一样的人不在少数，请千万不要再重复我的道路，如果恨就去让自己变强大，强大到足以让他战栗！而不是去自暴自弃，你的失意丝毫不会给你的仇敌带来一丁点的痛苦。

第三个是一个好老师，很严厉，很有爱。现在很多人喜欢说一句"你行你上"，那个老师就是那种能以身作则的人，因此她的严厉也就不招人讨厌，相反令人感动。

初三那年，成绩掉落到了谷底，自觉重点高中无望，索性连高中也不想上了。我觉得这是我自己的事情，没有人能管我，也没有人应该管我。

奇怪，她居然不准。

奇怪，她居然一遍又一遍苦口婆心地劝我去读高中。

奇怪，如果我去职高，职高能给她不少介绍费呢。

奇怪，世间竟有如此愚蠢的人。

2013年，高中。

我终于被那个奇怪的老师说动了，去了一个奇怪的高中。

意气风发却被现实泼了盆冷水。

我以为以我的分数去那样烂的一所高中我至少是前一百，没想到居然落在第二百。

开学典礼，领导喜笑颜开地说着每年能走多少二本多少三本多少专科。后来听说重点高中的开学典礼都是只说重点走了多少，一本走了多少。

真讽刺，不过当时我确实连讽刺的资格都没有。因为，我随便一算就发现我居然连三本也不是那么的十拿九稳。这样怎样大的心理落差，我一直以为可以玩着也能上个二本呀。

军训分班，全年级十个班，四个重点班，近乎一般都是所谓的重点班。我在重点班排46，同桌的妹子16，全班50人。

上课第一天，我第一次感受到了这世间是没有我想象的那么美好的。分学习小组，大家互相说了排名和分数。

真难堪，我排名居然那么差；真羞怒，她居然嘲笑我。

我至今也很难相信的嘲笑与不屑会是那样面容和缓的一个女孩子所能

发出来的。

可是它的的确确就是发生了。我从没有那样的愤恨过，我也第一次那样清楚地感受到：原来真的你不够强大就会被别人轻视、被别人踩在脚底。

我暗暗发誓，我会让她知道我有多强悍，让她知道她的嘲笑有多愚蠢。

读到这里的同学，你是不是觉得我会一飞冲天，从此登上第一的宝座？哈哈，这不是小说，现实哪有那么简单。

事实上，第一个月我还是忍不住地想玩，心似平原放马易放难收啊，野惯了的心哪能说刻苦学习就刻苦学习。不过出乎意外的是，第一次月考我居然考到了班级16，年纪56，而那个嘲笑我的姑娘恰好到了46。我一直是知道中考分数很多人是有水分的，只是不曾想也没料到会有这么大。

所以很多时候我们看到的东西不一定是真的，或者说就算是真的，这和我们继续努力又有什么关系呢？

不过这次没有努力得来的胜利却给了我异常的信心，我觉得我可能努力真的可以达到一个让人只能仰望的高度呢。既然如此，为什么不努努力呢？

于是我开始夜以继日的背书，真的是夜以继日呀！白天抓紧一切时间刷题，晚上在被子里用手电拼命地看课本。那段时光是我最努力的时期，也是我进步最快的时期。到高三的时候，很多东西都已经忘了，唯独那时候在被窝里记的东西记忆犹新。有人问我是不是有什么学习的好方法，高一的我就可以告诉你：学习是没有方法，如果一定要有什么不是方法的方法，那就是刻苦，是的——刻苦。

如果说高一是刻苦的，那么高二则是最为艰难的。

初中落下的英语和数学让我在前行的路上步履维艰，仅凭着文综和语文拉起来的排名眼看着一步步地往下掉，而我却是只能看着它一步一步地往下掉，却无能为力。

要想保持住一个好的成绩唯一的方法就是赶紧把英语数学赶起来。可是人的精力是有限的啊，之前的成绩已经用光了我所有的精力和时间，专攻英语数学便意味着要承受强科变弱而弱科不一定变强的风险。

我想有偏科的同学你的老师一定对你说过："多用点时间补弱科，强科保持一下就行。"说真的，现实哪有那么简单，等我真正去做的时候，我才发现这简直就是一句笑话。

如果真的能拿出一部分时间去恶补弱科，同时强科也可以保持，我又何必这样努力的学习强科，把可以拿出来的时间拿去玩不好吗？

第一个月，弱科累计提高五分，强科下降十分。

第二个月，弱科累计提高七分，强科下降十五分。

第三个月，弱科累计提高二十分，强科不知道下降多少，只记得第一次丢掉了文综第一的头衔。

第四个月……

第五个月……

第n个月，终于破茧成蝶，重回巅峰。

看起来好像是一个屌丝逆袭的美好故事，可是其中的辛酸又有几个人能够知道呢？

一次次的排名下降，你明知道去多学学强科就能很快补上但是你不能，一旦你屈服你就前功尽弃。最为难过的不是成绩的不断下降，而是老师父母的不理解，他们是看不到你的努力的，他们是看不到你破茧成蝶的阵痛的。他们所判断你是否认真学习的唯一依据就是成绩排名。哪怕你这一个月一节课不听，但是你考得好了，他们也会说这孩子这个月学习很努力，所以取得了进步。

呵呵，是不是很可笑，很讽刺？

可是现实就是这样，大多数人只会看到你的成功，背后的付出只有你自己能懂。所以当你试图去改变的时候，不要去听他人的非议，等你成功以后他们自然会闭嘴。

高三这年其实算是最轻松的一年，前两年努力打下的基础还算牢固，所以这一年只是保持对知识的记忆。唯一的困难大概就是心态的浮躁，每天都在期待高考。这期间看了很多很多所谓的鸡汤文，也听了很多很多所谓的洗脑演讲。我觉得很多时候，这些东西是有用的，只要他是真实的我们为什么不相信呢？何必对鸡汤文嗤之以鼻，热血的青春才算是不枉青春。

没想到洋洋洒洒写了这么多，只是简简单单的回忆了一下这些年读书的一个经历和心路历程，不知道会不会有人耐心地听我啰唆到了现在。

也许有人会说我这是鸡汤文吧，可是我要给大家灌输什么东西呢？我自己也不知道，只是简单地把自己剖析给大家看吧，给师弟师妹看，给家长看，给老师看，给社会看。

我们很多时候到底做错了什么，我们到底应该做些什么，我们到底还有哪些东西是需要继续思考的。

好了，到此为止吧。

不要瞧不起你手头上所做的每一件琐碎小事，把它们干漂亮了，才能成就将来的大事。不要去焦虑太远的明天，因为焦虑并不能解决任何问题只会令现状变得更糟糕。虽说是谁的青春不迷茫，但你迷茫的原因往往只有一个：那就是在本该拼命去努力的年纪，想得太多，做得太少。

做该做的事，走该走的路，不退缩，不动摇。无论多难，也要告诉自己：再坚持一下！别让你配不上自己的野心，也辜负了曾经经历的一切。有钱有时间就去旅行，没钱没时间就看看书。眼里要么是风景要么是文字，书里也尽是风景。身体和灵魂，总要有一个在路上。

虽然每一步都走得很慢，但不要退缩

以前在墨尔本的一个室友，突然打电话给我，在我这里马上要凌晨3点的时候。

他让我猜他现在在哪里，我说不是在墨尔本嘛，你还能去哪。

他很神秘地说，不是哦，我现在在西班牙。

我一下子就愣住了。因为很久之前我在一个人人相册里看到有关西班牙的照片的时候，曾经跟他说，西班牙那么漂亮自己将来一定要去一次。我没有想到的是，在我就要把自己曾经一闪而过的想法忘记的时候，他的电话就这么来了。到最后，站在我最想去的地方的人，却不是我。

挂了电话之后酷我音乐盒正好放到阿姆的lose yourself，依旧是那熟悉的节奏，和他的那段：

look，if you had，one shot，or one opportunity，to seize everything that you ever wanted，one moment， Would you capture it or just lst it slip.

不知道为什么脑海里浮现的是《当幸福来敲门》，是男主角最穷困潦倒的时候在车站的厕所里过夜，是他身上只有20每分的日子，可是他从来就没有放弃过。

如果你有梦想，就一定要捍卫它。

老爸同事的女儿，比我大三届，我刚进那个高中的时候她已经出国两年了，正好我们的老师是一样的。高二的时候我们老师给我们读了一封信，是她从英国寄回来的。她说现在过得很好，谢谢老师当年的教导，然后张新宇（高中的班主任）慢慢地念出信的最后几个字——来自剑桥。

当时一下子就懵了，对那种学校也只有敢想的份了，后来我才知道原来这是我老爸同事的女儿。老爸总是感慨地对我说，一个女生，能那么优秀真的很不容易。后来有幸跟她见面，她说的一句话我至今记忆犹新，她说，因为想要过自己的人生吧，很多事情就像是旅行一样，当你决定要出发的时候，最困难的那部分其实就已经完成了。

突然就想到了自己，第一次出国的时候，离自己的17岁生日还差3个月。奇怪的是在机场的时候，我并没有想象中的那么不安，我只是反复告诉自己，这条路是你自己选的，不管怎么样，也要走下去。

可是留学生活并没有想象中的那么顺利，恋爱也是无疾而终毕竟隔着那么远的距离，一时兴起去打工却因为太累最后还是辞职了。

后来有一天在FB上看到Leo，一个澳洲本地小伙，成绩好到令人发指，最可贵的是他的性格还很好，做事能力好到让人嫉妒。我就开始跟Leo聊起最近的生活，到后来就变成了我的诉苦。

等我说完了很多，过了很久，我才看到他打过来的字，他说，我到现在都用不起iphone这种在你们那里随手可见的东西，我现在的学费都是自己赚的，虽然你离家很远但是你父母一直在后面资助你，你每天就做这么一点事情，你凭什么说自己撑不下去了，你有资格么，那些比你累的人都没有说什么，那些比你优秀的人比你努力的多，你有什么资格在这里唉声叹气？！

然后他对我说了一句我到现在还一直记着的话：要么滚回家里去，要么就拼。

我突然间就醒了，我一直只看到那些闪闪发光的人身上的闪光点，却不知道他们到底是用了一个什么样的代价，才换取了这样的一个人生。我又有什么资格在这里抱怨。

我为什么要出国，在那个时候义无反顾的自己，怎么现在反而后悔了呢。

什么时候起，那个有着梦想的自己就死了？

我一直觉得自己的青春很苦逼，老是在想这么下去会不会有未来。自始至终也没能对这个不属于我的城市产生过一丝归属感，很多想法都只是一闪而过。为什么明明知道时间那么少，青春那么短，想得最多的，不是怎么样去接近梦想，而是反复的不安疑惑？

终于觉得，我的苦逼，熬夜，都会在最终让我迎来属于我的结局。从我离开家的那一刻起就注定了我无法回头的青春。

记得上次一夜没睡跟朋友去山上看日出，偶然听他们说起自己之前的生活，才明白不管是表面多么快乐优秀的一个人，不管是外表多么光鲜漂亮的一个人，都有各自的心结和苦逼的过去。

就像是青春注定要漂泊和颠沛流离一般，那些流过的泪受过的苦，总有过去的一天，又有谁的青春不曾苦逼过？

一个人二十岁出头的时候，除了仅剩不多的青春以外什么都没有，但是你手头为数不多的青春却能决定你变成一个什么样的人。往往你将来成为一个什么样的人，就在于在这个阶段你想要什么。

一个人一辈子能去往几个想去的地方，能看过几个难忘的风景，能读到几本改变你人生的文字，又能经历多少次难忘的旅行。这个世界那么多不顺心的事情又能怎么样，对他们说一句fuck you，然后继续努力做好自己应该做的事情。

就像阿姆歌里唱的那样，我不能在这里变老。我要在变老之前，做一些到了80岁还会微笑的事情。

我想，一个人最好的样子就是平静一点，哪怕一个人生活，穿越一个又一个城市，走过一个又一条街道，仰望一片又一片天空，见证一次又一次别离。然后在别人质疑你的时候，你可以问心无愧地对自己说，虽然每一步都走得很慢，但是我不曾退缩过。

人的一生，要走很多条路，有笔直坦途，有羊肠阡陌。有繁华，也有荒凉。无论如何，路要自己走，任何人无法给予全部依赖。不回避，不退缩，以豁达的心态面对，属于你的终将到来。有时候，你以为走不过去的，跨过去后回头看看，也不过如此。没有所谓的无路可走，只要你愿意走，踩过的都是路。

最好的你

才能有最好的可能

趁你现在还有时间，尽你自己最大的努力。努力做成你最想做的那件事，成为你最想成为的那种人，过着你最想过的那种生活。也许我们始终都只是一个小人物，但这并不妨碍我们选择用什么样的方式活下去，这个世界永远比你想的要更精彩。

安逸的是现在而不是一直

毕业找工作时，几乎家里所有的人都希望我能考上公务员或者事业编。当时，家人几次三番打电话给我，让我好好复习公务员考试的题目，理由是：现在下苦功好好准备考试，将来当上公务员就有个一辈子稳定的工作了，这是一劳永逸的事儿。

每次听到这种话，我总是不置可否，又无可奈何。我无法赞同家人的态度，也不能直接反对他们的想法。他们的良苦用心，我无力接受，却也无法说服。

在我的观念里，这世上根本不存在一劳永逸的事。所谓的一劳永逸，其实不过是坐以待毙。记得考大学时，老师和家长也喜欢对高考生说类似的话。临近高考的学生总会听到这样的劝诫：现在要好好学习备战高考，等到考上大学后就可以任性玩耍，之后的前途也是一片坦荡，高考是件一劳永逸的事儿。

可是考上大学后，我才知道大学一点都不轻松。学习语言专业的我仍然要每天上自习，背单词。那是我第一次反思大人们说这些话，质疑所谓的一劳永逸。

大学之后，我没选择安逸。不是我不想，而是做不到。安逸之后便是迷茫，迷茫之后便是颓废，颓废之后可能就是抑郁了。

想起我们市里的一位高考状元，他大我两届，当年以全市理科状元的身份进入那所全国最知名的学府。

可能是因为高中生活太苦，可能是他完全听信了老师们一劳永逸的"鼓励"。总之，他在进入大学后完全实践了一劳永逸的说法，一改往昔勤学的模样，每日任性玩闹、潇洒度日、再不问读书事，直到挂掉多门课程，被大学劝退。听说他在劝退后抑郁了很长时间，直到多年后才又重新参加高考。

你看，这世上从没有一劳永逸这回事。每一种安逸里，都暗藏着风险。选择一时的安逸，可能意味着在日后承担更重的苦难。

我有一个姐姐，毕业后进入一家国企做行政类工作。用她的话说，她当时拼尽全力通过层层选拔，最终才拿到这个岗位。

"因为当时的男朋友在这家单位，所以我花了几个月的功夫准备这家国企的笔试面试题，希望能进入这家单位。"姐姐后来跟我说，她当时觉得只要进了这家国企，就可以一辈子享受旱涝保收的工资，上下班还可以让男朋友接送，简直是一劳永逸的好事儿。

后来，她如愿进入这家单位。行政岗的工作内容虽烦琐，但并不忙碌。她每天除了做完日常工作外，剩下的时间都用来刷某博逛某宝，等着和男朋友一起下班。

生活似乎变得很轻松，她也以为自己会这般平凡而轻松地过下去。无风无浪，不需上进，上班就是处理一些上司安排的日常工作，下班就是和男朋友甜蜜。

"显然，我那时候把人生想得太简单了。后来我男朋友跳槽要去上海发展，我不愿意去上海，只好分手。"姐姐说，她分手后心情正差的那段时间，刚好赶上部门换了新领导。这位新领导每天都给她安排很多工作，且涉及很多她不熟悉的领域。

"我好久都没学习过新东西了，人早就懒了。人啊，过惯了清闲日子，也就适应不了大工作量了。"为新领导带来的大工作量而心烦，为分手而心乱，这两件事一下子冲击了她所谓的"平凡而轻松的日子"，她无法适应这双重变故，冲动之下辞职了。

辞职后，她才发现自己工作这两年几乎一无所得。除了会按着领导的要求处理点日常琐事外，她几乎不会做别的事情。不会做PPT，不能熟练使用办公软件，不会做设计，也不会写创意文案……甚至连大学学过的管理类课程也都忘干净了。

曾以为的一劳永逸的生活，瞬间倾覆。最可怕的是，这两年过惯了闲散生活的她，早已不想再去学习新东西了。安逸的生活如温水，一点点煮死了她这只不求进取的青蛙，让她在风险面前不堪一击，也丧失了前行的能力。

我们总想过轻松安逸的生活，不愁衣食，不必劳苦，最好还要有人疼有人爱。这种感觉，像是被整个世界宠着。

于是，我们妄想可以通过一次辛苦劳作而换取一生安逸的生活。我不能直接否定这种可能，只能说，这种想法的风险太大。因为人一旦陷入安逸，便很难自拔。有一天，当这种安逸被打破，生活便会瞬间失控。而身处安逸之中的人，则对突然袭来的风浪毫无招架能力。最终，所有的一劳永逸，都变成坐以待毙。

所以，我们或许应该去追求一种有远见的生活方式。享受艰苦之后的安逸，也要懂得在安逸中未雨绸缪。要知道，懂得筹划未来的人，才能更好地把握当下。

六月毕业季之后，我在这个七月开始了自己工作。单位有国企背景，工作内容不算繁重还能让我充分发挥自己的价值。

不依赖一份工作。享受一份工作带给我的一切，在这个平台上用心思考、学习、积累经验；同时也让自己时刻保有离开这份工作的能力，即便有一天离开，依旧可以凭借之前的积累获取生存的资本。

不依赖一个男人。享受一个男人对我的好，也用心去爱；同时保有自己独立的能力，这样即便有一天会分开，依然可以坚强而自信地生活。

不依赖一段时光。享受一段时光对我的种种恩赐，同时也让自己拥有随时抵抗风浪的能力。

所有的一劳永逸，都可能是坐以待毙。我们要追求的，或许应是一种有远见的生活方式。可享当下安乐，却不妄图长久安逸。在安逸中遇见未来的风霜，始终保有前行的能力，这样方可在抵达每一个未来时，都能看到一树繁花。

想要与众不同，却总随遇而安，想要做很多未做的事，却在现实棘手的吃喝拉撒前低下了头，我们间歇性热血满腔，长时间迷茫犯懒。别等了，再努力试试看。

人生有时候就是这样，这一秒还在对酒当歌，也许下一秒就会传来什么噩耗。经历过无数个不眠的夜晚，也经历过死亡降临前的恐惧，甚至认定过这一生都完了。可是事情过后，该活着的人还是要活着，该努力去做的事情还是要去做，对于苦难，对于逝去，唯有对生活更多的爱与热情，才是我们最好的祭祀。

保持该有的模样，认真且努力地生活

1

在夜深人静、灯息入眠的时候，闭上眼睛，很多话想说，却从不曾告诉过任何一个人。独自揣过的酸，和吹着清风抹掉的泪，全都只有自己知道。

十岁的时候，可以因为爸爸给了一百块，就满足得不知该如何是好。

二十岁以后，爸爸掏出一千块，我一双手背在身后，从来都不曾果断去接下。我深知那是爸妈夜以继日，凭苦力挣来的积蓄。

十五岁之前，我想要的东西，从来都是理所应当地去向父母开口讨要；我可以一有委屈，就到处乱发脾气，砸锅摔碗；和朋友争吵以后，还能继续和好如初；不用一个人愁三餐归宿，天凉加衣。

但二十岁以后，我所有的理直气壮都开始变成胆怯，包括当初为理想付出的那份勇气，也都伶仃飘散于云雾之间。

我看过这样一段话：人的一生会成长三次，一是发现自己不再是世界中心的时候，二是发现即使再怎么努力有些事情也无能为力的时候，三是就算有些事情自己无能为力也坚持不放弃的时候。我抿抿嘴，看了一眼年份，二十多年了，而我又成长了几次呢？

家中老人总爱调侃自己说：半截入土的人，什么大风大浪没看过，呵斥我们这些年轻人就是清福享得多，不会居安思危、逆风而行。想来二十岁的我，却并非如此，因为我有着一颗十分想要独立的心。

刚外出读书的第一年，放寒假一个半月，远赴上海兼职。因为经常听到许多励志求学的故事，勤工俭学，自强独立，我也想变成那样的人。不拿家里一分钱，凭自己的能力，完成学业的同时，还能提早磨炼自己适应这个社会，或许自强也不会像想象中那么难熬呢。

我奔走在大街小巷，不放过每个墙角或电线杆上的小广告，一晃就是好几天，却没有任何兼职的眉目。

无奈之余，我把仅有的希望寄托在中介。我单枪匹马一个小姑娘，向中介公司要求找一份可靠、不拖欠工资的寒假工。老板倒也客气，让我交三百块押金，随后让我面试了几家公司，但都吃了闭门羹。

然后老板说，等有公司需要临时工的时候，再联系我。如同无望时的最后一根稻草，不心甘情愿也要抓着不放，就这样，垂头丧气的我寄住在亲戚家里，日复一日。

半个月后，我再次给中介打电话，老板啪地挂了通话，如此决绝。我想过拎着一桶粪水，半夜去泼他的门面，也想过跑到店里大闹一场，质问他收了我的钱，为什么不办事。可是我没有那样做，我安慰自己几百块而已，就当丢了。

我在上海逗留了将近一个月，给亲戚也带来许多不便。最重要的是，我一毛钱没挣，倒把自己省吃俭用出来的两千块钱榨干了。当时我心灰意冷，为什么总是事与愿违呢？难道真是所谓"不作死就不会死"？

我不明白，为什么想凭一己之力去办一件事情，竟然会那么难。很久以后，我才恍然大悟，大概这就是所谓成长的第二阶段。我们渴望的、期望的，都不一定会如愿以偿。

3

初中的时候，我妈总是千叮万嘱我不要早恋。当时，我一个头两个大，难道我在我妈心里如此不靠谱，给个糖果，就能跟人跑了？十六岁，我的眼里能容下的就只有课本，完全心无旁骛。

就在前段时间，巧遇老友闲聊几句，问我如今为何还是单身，我竟一时语塞，总不能义正词严地说没人追吧。

如今二十多岁，初恋尚在，善也善也。每每回家，老妈总是用一副窥视的眼神望着我，好似有话要说，却又沉默不语，故作高深。我心里哪会不知道她葫芦里卖的什么药。上大学的，都在校园里谈了；不上学的，早都谈婚论嫁了。剩下我这样一批剩女，差的看不上，好的攀不起，这可让我妈焦头烂额了好一阵。

其实，寻个好人家这件事，我并不是不上心。我读书钻研，踏实工作，努力做好一个年轻女孩该有的样子。只是，我喜欢的那个人，并不喜欢我。仅此而已。

十六岁，在老妈的嘴里，以为爱情就是你喜欢一个人，他就一定会喜欢你，然后你们不顾一切，仿佛因爱而生。

二十岁以后，才明白，爱情有时候是自己一个人的心酸。他不喜欢我，强求不来。

4

大学毕业的时候，我没有完成梦寐以求的勤工俭学，就那么顺水推舟、自然而然地毕业了。

刚开始，工作没头绪，就"家里蹲"，寻思要干点大事情，可又没有资金。同学宵娅打电话说，她爸给她赞助开了蛋糕店，让我过去帮忙，酬劳高于别人。我心想也不错，就收拾行李去了。

店面开在闹市，宵娅和我彻夜长谈她的理想和发展之道，规划和想象碰撞出火花，听起来是件值得赞赏的大事。我全身心地配合她的工作，跟着她的思路摸索前进。可是啊，顾客大部分都认老品牌，新店大多不愿去尝试。我们都知道开店不容易，可是一天天挣的钱不够开支，相当于亏本，这生意就只会越做越难。

一个月后，我们打印传单，站在人潮拥挤的街口，拉拢来往的客人，才稍微有些起色，但这也不是长久之计。店里雇佣的员工，每个月的房租，食材的费用，通通算下来，半年我们还亏了两万。

宵娅我俩对视，眼神充满了无奈，最后决定把店面转了出去。我们固然都知道第一次创业成功的概率可能不会高，可也没想输得这么快，这么让人失望。

我俩都是抱着青少年读书时的那股死拼劲去埋头苦干，却缺少了职场经验和商业头脑。二十多岁，渴望出彩和发财，却并非如想象之中的那么容易。

前辈们留下的教诲，总有存在的道理。愿自己不再做个职场"愣头青"，希望二十多岁创业的你们也是。

二十多岁，我们每个人都会经历，或已签收付款，但这其中种种与十几岁时的差距，还是会让人翻跟头。

我们会发现社会不再像对待小朋友那样友好，发现身边朋友防你的小心机，和老板之间互存的利益关系。变故受创以后，轻则继续努力，重则一睡不起。

还望，我们的二十多岁，能保持该有的模样，认真且努力地生活。

努力的意义，不在于一定会让你取得多大的成就，只是让你在平凡的日子里，活得比原来的那个自己更好一点。

人生在路上，没有人去替你思考，更没有人去代替你独立经过，当努力和信念融为一体的时候，才会让你活出了与众不同的方式，也就造就了你真正的人生。

当你尝尽人生冷暖，
你的心灵便是一个巨大的感应器

1

我人生的第一个低谷是在十五岁，也是那个时候，我第一次懂得你所希望的相安无事，最后不过是演变成了形单影只。

我刚进中学的时候，特别受到老师的关注。因为高，因为瘦，因为成绩好，也因为还有点才艺。你知道对于青春期女生最好的鼓励，根本不是奖状，而是广播台里老师念出的名字，以及文艺汇演时你永远站在第一排，那时已经懂得别人的羡慕和注目比什么都重要。

我的急转直下来自于两件事。

一件事是莫名其妙地被"早恋"。关于这件事，我到现在都没有机会澄清，当然，那个时候更没有机会。几乎所有同学都认定了我"早恋"，并且值得讽刺的是，她们幸灾乐祸那个男生并不喜欢我。当时的班主任和语文老师对我父母说：她就是太自作多情，人家男孩子根本不喜欢她。母亲很生气，她气老师对自己女儿的贬低，也气自己女儿的不争气。那个学期，我从全班第五名下滑到了20名。

另一件事是来源于我身体的变化。那一年，我从100斤胖到了130

斤，不明缘由。现在，我每每看到那些戴着眼镜，穿着校服，拖着肥嘟嘟脸的女生，一甩一甩自己身上的肥肉，我都可以清晰地脑补出当时自己的样子。青春期简直对我太残忍，学生时代，对一个女生自信心的摧毁，从来不是成绩，而是形象。那个曾经被传绯闻的男生对我唯恐避之不及，而我也从来不敢抬头看他，仿佛一对视，就是一种无形的嘲笑。

我不知道自己是怎么度过那段时间的，觉得自己特别像一个从主角变为没有资格上场的替补，我坐在冷板凳上，焐热了一遍又一遍，看到的也不过是侧目而已。但我还是特别感谢那个时候的自己，从来没有自暴自弃，冷板凳虽冷，但心始终用心温暖自己。

在没有朋友的时候，一个人去食堂吃饭，一个人去做课间操，一个人跳绳，一个人投篮。我不介意自己高高的肥胖的身材永远没有搭档，也没有人愿意搭档。我上课还算认真，因为我知道，如果我不会做题目，根本没有机会去问同学。包括老师，她后来从来没有关注过我，除了我还算不错的成绩，可以为班级在全年段前100名争得一席之地，但始终没有任何评奖评优的资格。

可我总是笑嘻嘻的，我不想用我一脸的悲伤让那些不喜欢的人得意忘形，我想用笑容感化我自己，哪怕常常一个人。

有一个任课老师很喜欢我，若干年后她碰到我时问为什么那时总是看我上课特别忙碌，我说如果你独自在家开火没有帮手，是不是手忙脚乱。她说，你可以找我帮忙。我说你有那么多学生，我不想为难你，所以依靠自己。

多年之后，有人说我看上去总是一脸咬牙切齿也要扛下所有事的样子，我说，因为只有自己是永远不会离开自己的。

2

我大学读的是本地一个二本院校，非常不知名。我小时候，一旦考试成绩考坏了，奶奶总是会吓唬我：读书那么差，以后就只能读某某大学。小地方的人总是很奇怪，对外面的世界更加憧憬，所以变得神圣，而对于自己城市所拥有的一切，仿佛是没有本事跳出这个地方的人才苟且偷生的地方。

真是不巧，我就是这样在考了一个二本分数之后，义无反顾地填了本地的学校，并且至今引以为傲。

但一个远亲不是这样认为。她之前并不知道我在本地的大学读书，然后我们在一个很偶然的饭局上碰面。她也猜出我快毕业了，于是问我在哪里读大学，说是有好工作可以介绍给我。可当我报出学校名字的时候，她沉默了。

当时，整个饭局的气氛一下子陷入了尴尬，身边的亲戚包括我的父母都不知道如何收拾场面。

她说了一句：现在这种地方院校，毕业的话，工作很难找，一个月1000元都没人要。后来，父亲说是容不得别人这样说自己的女儿，女儿再丑，也容不得别人的奚落。

毕业那年，我研究生的成绩也不差，同时还获得了一份固定工作。当然，我选的是后者。我不想说我大四是怎样的在所有人离开校园之后，一个人睡在冰冷的寝室里，周围的人都出去实习了，而我读书、背英语，然后有空还要写各种稿子，在不确定的未来里孤注一掷。我一直记得那位远亲的话，但我努力不是为了反驳她，而是为了让自己活得更好。

后来，我碰到这位远亲，她假装若无其事的样子，照样与我推杯助盏，我也从未提起这件事。但我始终记得她再次遇见我时的一脸无措的样子，一直到我和她拍了拍肩膀才化解。

有些时候，你所有的底气来自自己，与别人能够一起坐下来谈笑风生的底气也来自自己，你抵御所有不屑最好的武器从来不是拿起盾，而是拿起武器，与她不动干戈，也交流自如。

3

我最初写稿的一段时间，也经历过一段海投。海投实际上是一件非常痛苦的事情，就像是你突然掉进了河里，等着有人支来一根篙拉你上岸，可是他只有一根，所以不一定属于你。

其实我投稿还算顺利，最开始差不多投出去五篇，能录用一篇。有一些很负责任的编辑会主动给我写信，告诉我退稿，叫我另投，当然，大多数报刊都是石沉大海。很长一段时间，我几乎快坚持不下去了，人再大的决心也是会被击倒的，更何况是一个试水的。

那一年，我碰到了一个编辑，几乎成为我人生的转折点。那个时候的我还没有写专栏，也没有大量的约稿，通过海投能够发表，就可以激动许多天。编辑是一个很高冷的编辑，一直到现在，除了有稿件发给她之外，我们很少聊天。

但她非常尊重作者的稿件。我发给她文章之后一个小时，她就回复我用稿信息，并且给我打来电话，她的原话是：我觉得你的文章非常好，如果可以的话，欢迎多给我们投稿，你可以开一个专栏，非常欢迎。

作为一个小作者，我几乎一整夜没有睡好。倒不是自己上岸的喜悦，而是觉得这个世界，并不会辜负你的努力，也不会因为你的默默无闻而不给予你希望。以及，你开始确定这个世界，你有遇到好人的希望，并开始努力成为一个好人。不久之后，我开始写专栏，渐渐地许多专栏也开始来与我合作。

现在，我与这个编辑的合作一直都在。她时常问我，为什么一旦版面没有稿件，与我联系，我总第一时间愿意写，哪怕稿费并不高。我总矫情地说：因为想和你一样成为一个好人啊。

张爱玲说：如果你认识从前的我，一定会原谅现在的我。每一个现在的自己，其实都是过去自己的拼凑，你曾经的好，你曾经的坏，你曾经哭过，你曾经笑过，其实一直都在，并生生不息。我想说，多年之后，当你尝尽人生冷暖，你的心灵便是一个巨大的感应器，你无须控制也无须刻意体会，它应对自如，便也保你无虞。

无论你多么努力地让自己做到完美，始终会有一群人在背地里指着你的背影比比划划。你不需要跟谁对骂或者抽谁一嘴巴，他们未必是坏人，只是看不懂你的活法。

生命中总有一段路是要你自己走完的，不管你现在多迷茫，过得多累，走得多艰辛，总有一段时间是寒冷的，但再怎么冰冷也有阳光，再怎么艰辛都得努力。生命中，总得有一段回忆起来足够感动自己的时光。

每一段孤独沉默的奋斗前面
都有一个明亮傲娇的未来

1

我在各地做公益演讲结束后，总会有一些人问我一些问题，被问得最多的问题却是：活着已实不易，为什么还要那么拼？

我都会回答他们，今天的努力，不过是为了让未来多一些选择，当你在一份工作中无法进取，当你讨厌一种生活方式，当你想离开一个人，之前的努力会让你做决定时更为轻松，多一重保护与资本。

这一切认知，都源于那次我出差去济宁做讲座认识的一个姐姐，她曾说，自己那么拼命，不过是想在未来的时刻，不再遵从别人安排的命运，而有自己选择的权利，她敢对不满意的生活状态说不，敢拒绝不再同行的爱人，敢辞去一份自己不愿继续的工作！

而这也是她多年来一直行走与努力的源头。

2

姐姐开车来火车站接我，我们路过一家煤矿集团公司时，她特意停下车来，和几位年纪较大的女人打招呼，彼此寒暄许久，我们才离去。

路上，她告诉我，说那是她十多年前的同事，她已离开那么多年，未想到她们还在，她每次路过，偶尔还会遇见她们。我这才得知这位姐姐已年近四十，若不是她亲口所说，我简直不敢相信，因为她看起来依然像个活力满满的元气少女，而刚刚那几位与她打招呼的女人显然已经老去，看似与她相差十岁之多。

姐姐说她曾在那家煤矿集团公司工作过几年，那里住着她最美好的时光，当然，那也是她最迷茫的日子。她高职毕业后，就被分配在那家煤矿集团公司，八个女孩住一个宿舍，公司管吃住。她们每天六点起床，穿一样的工作服，待在一样的房间，在仪器上每天做同样的指挥。工作两个月下来，八个女孩已从兴奋不已变成了失望满怀，但那个年代，谁也不舍得丢弃那个铁饭碗，毕竟在外人看来，那已经相当光鲜亮丽，更何况她们只是毫无主见的女孩。

那时，几个女孩每天在相同的时间做同样的事情，包括抱怨，嬉闹。夜里宿舍关灯后，几个女孩都会聊天，聊的内容重复而无聊。姐姐睡不着，一个人拿着板凳到开水间坐着，看宿舍两旁有一排开花的树，发呆。她那时想得最多的是家人生活不易，自己苦于没有能力来回报父母，为此，她每天都很焦虑。

要想改变命运，她唯一想到的就是自考大学。于是，每到傍晚，当其他女孩还在抱怨或聊相似的内容时，她都会坐在那排树前看书，直到夜色深了，她就挪到开水间继续学习。对当时的她们来说，自考大学如此遥不可及，所以，室友们留给她的只有嘲笑，而她并不在意。

同行的人啊，为什么会越来越少，大多是你和身边的人有了不同的想法，你迈步走向更为宽阔的前方，那未知如此可怕，也充满神秘，而这诱惑正是你身边的人大多所排斥的。他们一遍遍抱怨，一边又安慰自己，安稳就够了。

就这样考了三年，她最终还是考上了，拿到录取通知书后，她毅然辞

· 124 ·

职前去济南，找了一份新工作，半工半读。当她离开宿舍时，其他七个姑娘的眼神中满是羡慕，但那光彩还未多停留半刻，她们的目光就被新来替代姐姐的女孩所吸引了，她们拉着她，好奇地问东问西，俨然忘记身边的姐妹早已逃出这牢笼。

可怜的并不是我们不努力，而是努力的人已经走到了我们前面，我们除了心生羡慕，依然做不出任何改变，找不到努力的方向。

姐姐毕业后，重新去找工作，未想她还又被返聘到原来的工作单位，重新站在煤矿集团的门口，那一屋姐妹依然是那些女孩，穿着同样的衣服，做着同样的工作，她们看到她也笑了，认为她折腾了三年，虽然职位有所提升，但还是重新回到了原点，多少有些不值得。

姐姐不甘心，又坐在那排树前和开水间，去考会计证和律师证。那时又恰逢她结婚，她的老公也劝她不要再那么拼命，她却很执着。有一段时间，姐姐疯狂地掉头发，她以为自己得了健忘症，看书一遍又一遍，却又记不住，去医院检查时，才得知自己怀孕了。其实，当时那份工作的性质，女孩们都挺怕结婚或怀孕，一旦怀孕也就意味着辞职或换岗，所以，姐姐又成了女孩们的异类。

她果敢地放弃了工作，挺着大肚子继续努力学习，那时她身边的人都说她太做作了，她们说："家庭条件这么好，不如做个全职太太算了。"她只是笑，并不直接说出自己内心的愿望。直到孩子出生后，长到一岁多时，她终于拿到了双证，她重出江湖，应聘到了济南盐务局一个主管的职位。果不其然，这个结果，震惊到了那些劝说她做全职太太的女人们，也让煤矿集团的那些女孩们大吃一惊，毕竟她们依然过着几年前所谓安稳的生活，穿着同样的衣服，讨论同样的话题，操作同样的机器，在同样的夜晚安然睡去。但得到姐姐被竞聘为主管的那个夜晚，我相信她们都会无眠。

姐姐说，最初她努力学习，想逃离得不过是八个人挤在一起的宿舍楼，她真的很想改变自己的现状，让自己活得更好，还有余力可以帮助年迈的父母。一路走来，除了收获这些，还有更多的意外，让她觉得自己并没有白费力气，但她最怀念的时光还是开水间的那盏灯光，无数个夜晚，她就站在那灯下，看书或思考，等待命运给她一个回答，有时绝望，有时又充满希望，大概那是每一个欲求改变的人迈出步伐时，都会必经的道路吧!

3

活着需要的就是改变，想要更完美就要经常改变。很多时候，努力所带给你的优越，是你看不到的，唯有回过头去看，或者在瞬间选择时，你内心坦荡，并无恐惧，比他人脱颖而出，才能体会到努力的实际意义。

我们努力地改变自己，接受生活和命运的安排，不过是想让未来多一个选择，多一层保障。人生而孤独，我们走着，内心忐忑着，因不知何时会弄丢一个人，一份工作，所以前方的路神秘而令人恐惧，我们宁愿像机器一样旋转，也不敢对未来说一句，我想重新再来。

直到此时，我才明白，每一个说我敢的人，都注定走过不平凡的路，每一句我敢的背后，都藏着一个努力而拼搏的人，为了说走就走，为了自由之路，他们所迎来的羡慕目光后，是一段长久孤独而沉默的奋斗时光，他们所接受的赞美背后，是一个人捱过无人理解的嘲讽日子。

你也不要畏惧失去任何人，人之所以痛苦，在于追求错误的东西。你什么时候放下，什么时候就没有烦恼。努力奋进，做最好的自己，做个内心强大的人，豁达德面对人生的聚散离合。

如果一个人，就这样生活：可以孤单，但不许孤独。可以寂寞，但不许空虚。可以消沉，但不许堕落。可以失望，但不许放弃。记住，没有伞的孩子必须努力奔跑。

你的一生都是值得去抗争的

1

我妈今年55了，每次打开微信运动，如无意外都排在前十。

她是个工作了三十年的医生，每天穿梭在医院各个手术室和恢复室，地方不算大，但少说也得走一万多步。或许很多人会觉得一万多步不算多，随便走走都能达标。可她还得站在手术台前，救死扶伤。

她这个年纪理应退居二线了，但是加班到深夜也是常有的事情。有时我去接她下班，电话里她总说很快很快，结果等一两个小时，那是家常便饭。我听她说过最多的话就是：忙了一天，腰都直不起来了。

年底她就要退休，科室人员有限，主任希望她能返聘，再坚持一下。我说：你年纪都那么大了，也不差这点钱，回家吧。她总是说：再想想。言外之意就是还想接着干。

我以前就写过说我总劝她提前退休，在家好好休息。她不肯，除了对工作的兴趣使然，她还常反驳我说：年纪大了就不用奋斗了吗？

对于我这个微信步数极少超过7000的年轻人，看到她这个样子，略感羞愧。

奋斗是一种心态，和年纪无关。

2

我哥在高中的时候是个极其散漫的人，把学习不好归咎为周围的人都在玩，我不玩不合适，于是破罐破摔。

大专毕业乐于混日子，一混就是好几年。直到25岁谈了女朋友，打算成家立业了，看见周围的发小、同学都比他过得好，才发现自己连养家糊口都困难，何谈结婚生子。

于是他跟当时的老板说不能再吊儿郎当下去，辞职找了一份累却让他感觉有追求的工作。

当他拿到自己的第一笔销售合同的提成时，他才找到奋斗的真正意义。即使不为了什么远大理想，为了好好生活，你也得努力奋斗啊。不然别说什么风花雪月了，柴米油盐也能让你一筹莫展。

冰心说：修养的花儿在寂静中开过去了，成功的果子便要在光明里结实。

现在，他们夫妻双双下海，边带孩子边创业，虽然牵挂很多，成功也仿佛被调成了静音模式，等它铃响更是遥遥无期。但是所有的一切都是充满希望的，至少生活因为有了奋斗的目标而更有盼头。

重要的不是你几岁才开始奋斗，重要的是你开始奋斗了吗？

3

我舅在事业上不算大富大贵，也勉强算得上是功成名就了。

家庭美满，生活充实。他却在快50岁的时候，义无反顾地做了一个"抛妻弃子"的决定，从南方到大东北为公司拓展新业务。

一年能见妻儿的次数不多，工作还很累，两年多时间里，他从一百六十多斤的壮汉，一下瘦得都快认不出来了，依然乐此不疲。

有人会觉得他的决定对于家庭是一种伤害，不过他还是尽了全力把家庭、事业平衡好。我每次看见他带着女儿出去玩耍都无比快活，到了工作的时候也能更加投入。

说起为什么到了这个年纪，有了这样的成就还不愿懈怠。心里有牵挂，自然更加努力。养家糊口算是一种"官方"的说法，对于我舅舅来说更多的或许是因为成功不是终点而另一个起点。

巴尔扎克也说：在人类事业的顶峰上神游过之后，我发现还有无数高山需要攀登，无数艰难险阻需要克服。

生活从来不是一种单纯的享受，更多的是一种因为向往美好所以努力追求过程。

每一个成功者不会说他都这么成功了，所以就能随随便便当个甩手掌柜了。

奋斗不是一种结果，而是一种状态，跟成功与否无关。

4

曾经收到一个读者的留言，说他今年16岁，感觉读书太没劲，索性辍学，问我有什么好出路。

我说：你年纪那么轻，就算不愿意读书，学门手艺也好呀。

他不乐意了，觉得学习这种事太累了，最好能有不费劲、不动脑、赚钱又快的生意，要我介绍给他。

我说：你一点苦头都不愿意吃，总想着一步登天的事情。假如真有这种好事，那么多人累死累活地奋斗是为了自己给自己挖坑么？如果有，请你告诉我。

他听完把我拉黑了。

空有大志的懒惰是一种毒药，荒废的是时间和青春。

人生有两次青春，第一次是生养你的父母给的，第二次则是你靠奋斗得来的。现在的青春用来努力，以后的青春则用来回忆。

正如丘吉尔所说：我没有别的东西可以奉献，唯有辛劳和血汗。

我会一直奋斗，因为我不想记忆里一片空白。假如能够奋斗，至少，人生里还有一个振聋发聩的主旋律。

5

经常有人问我，你要在北京打拼多久才算完？我说至少把事业做出点样子吧。

实际上，假如我有朝一日离开了北京，我就不用打拼了吗？

答案是：当然不。

人生的过程从来都不是享乐主义者的天堂，而是充满波折，甚至可能处处碰钉子斗兽场。生活很少会温柔待你，大多数时候都会用一种粗暴的方式与你打交道。

或许学业烦心，或许工作不顺，或许生活苦闷，可假如你不狠下心来斗争，下一秒生活很可能就这样变成一场困兽之斗。

所以，当再有人问我：你到底要奋斗多久才算完？

我会说：我的一生是抗争的一生。

不过这样也好，最起码证明了我这辈子也会是生机勃勃的一辈子。

不要做廉价的自己，不要随意去付出，不要一厢情愿去迎合别人，圈子不同，不必强融！将时间浪费在别人身上，倒不如专心做自己喜欢的事情。不断去学习，提高个人品质、气质和魅力，这才是值得自己去努力的事情。

如果你足够勇敢说再见，现在过的每一天，都是余生中最年轻的一天，请不要老得太快，却明白得太迟。天不帮忙人就要更努力，见识越广，计较越少，经历越多，抱怨越少，越闲，越娇情。今天的每一步，都是在为之前的每一次选择买单，这也叫担当。只有经过奋力拼搏，不断努力，才能换取精彩的明天。

你现在的不努力，将来会让你付出代价

1

前段时间回老家，表弟见了我，眼泪汪汪地说，姐，我从去年到现在相亲不下几十次了，咋就没有姑娘看上我呢？好心塞！

我认真和他分析，现在的姑娘都喜欢积极努力上进的男人，你可以现在没钱，但一定要有上进心，肯吃苦耐劳，能让她们看到希望，给她们足够的安全感。

表弟一脸迷茫地说，我挺努力的！我有工作，每天按时按点上下班，从来不迟到早退。我又没有吃喝嫖赌，整天在大街上游手好闲，咋就没有安全感呢？

我问他，那你一个月赚多少钱？还完房贷还剩多少？

表弟慢慢低下头，缓缓地伸出两根手指。

两千？我问。

还完房贷还剩两百！表弟有些不好意思。

我问他，那你只剩两百块钱，将来怎么养家养孩子？

表弟理直气壮地说，那媳妇也得上班赚钱！而且我爸妈现在一个月也能赚几千块钱，养家糊口不是问题。

那好！如果你媳妇将来生孩子，就像我现在一样至少三年没法出去工作。你父母已经年迈，而且他们那点钱也只够他们自己日常开销。你有没有想过等他们老了，将来你怎么赡养父母，有了孩子后，又如何抚养孩子呢？

那我该咋办？我也想赚钱，就是没有门路。表弟无奈地说。

我开导他，你们这一行做销售肯定特别赚钱，再说你现在也积累了不少人脉，销售起来应该蛮轻松的。干得好，两三年就能把房贷还清了。

表弟把头摇成拨浪鼓，干销售太累了，再说了，我的性格不适合做销售。我不想活得那么辛苦。

我继续劝他，那如果你不想做销售，可以下班后把玩游戏的时间，拿来充实自己的专业知识，一定要把基本功学扎实。八小时内求生存，八小时外求发展。你的事业今后能否更上一层楼，完全取决你有没有充分利用好你的业余时间。要知道，努力只能及格，拼命才能优秀！

表弟有点生气地说，你为啥老想着让我赚钱呢？我不想活得那么辛苦，我也不奢望大富大贵，我只想过好平淡安稳的小日子，你为什么老是把你的想法强加于我身上，那不是我想要的生活方式。

我也怒了，你是一个男人，请你像一个男人一样担负起养家的责任。你的父母五六十岁了，为了给你买房还房贷到现在都背井离乡地去打工，你有什么理由不努力，不拼搏。

你还好意思没日没夜地玩游戏，你现在趁着年轻不努力，将来拿什么撑起这个家。你的不努力，就是一种自私！

表弟羞愧难当，姐，你说的那些大道理我都懂，但是改变太难，太痛苦了。

我语重心长地说，改变虽然痛苦，但却是成本最小，见效最快的投资。

人生能有几时搏，此时不搏何时搏？其实人生之中能努力奋斗的时间也就不过十年而已。25—30岁是我们在所擅长的领域积累基础知识的宝贵阶段，这时候你要拼命学习，踏踏实实把基础打牢，就像是打地基一样，你能否盖成梦想的大楼，完全取决你基础是否牢固。

30—35岁之间是积累人脉和经验和时候，这个时候也是考验你基础是否牢固的阶段。如果你足够努力，足够优秀，那么你周围都是和你站在同一个高度的优秀人才。记住，你所在的位置，决定了你的人脉关系。

一旦错过了该努力奋斗的这十年，你接下来的生活就会举步艰难。

在可以吃苦的年纪，一定不要选择安逸，因为年轻时的不努力和安逸，会让你的晚年买单。

2

一个许久没有联系的大学同学突然在微信上问我，阿珂，你知道现在干什么做赚钱么？

我在脑海里努力搜索了一下，然后告诉她，自己创业最赚钱吧！咱不是学的形象设计么？你可以开一个化妆品店，顺便帮顾客做化妆造型，也可以在网上接单，现在结婚一个新娘妆都成百上千的，应该前景还不错。

同学发了一个撇嘴的表情，亲，创业需要资金投入，我哪有钱开店？

我思索了一下说，那你可以先摆地摊！好多大企业家都是摆地摊起家的。你还记得咱们宿舍小晴不？人家晚上下班后，在夜市上卖指甲油，一晚上只干一个小时而已，一个月还能赚小一万呢！

同学发了一个惊诧的表情：天啊！一万块钱，是我们两口子工资的两倍！可是摆地摊式累了，我可吃不了那苦，小晴就是一个钻钱眼里的工作狂，上学那会就天天到处去宿舍推销化妆品，真不搞不懂，一个女孩子家家活得那么拼干吗！那可不是我想要的生活方式，我只想平平淡淡安安稳稳过好一生。

我告诉她，可是你知道吗？人家小晴自己买房子了，一百多万的房子，自己付首付，自己还房贷。而且今年人家还去了四个国家旅游。即便如此，人家还能担负起妹妹的学费和生活费。

所以靠自己努力换来的轻松、舒适、物质充裕的生活才是真正简单快乐平淡的生活！

你那种因为没钱而不敢奢望更好的物质生活，不得以降低生活质量和水平的简单，明明就是穷困潦倒好吗？

你知道一个女孩为什么要如此努力吗？因为只有自己足够优秀才能找到更加优秀的另一半，最重要的是，你只有努力工作才配拥有美好的未来！

同学快要哭了：那我该咋办？我现在商场卖化妆品，一天工作十二个小时，一个月只休一天，累死累活才一千五百块钱，我还有救么？

我安慰她，选择比努力更重要，只要你从现在开始找到适合自己的工作方向，然后拼命努力，一定可以改变不满意的现状。

同学十分无奈地说，我也想拼命努力赚钱，但是我身不由己！我又怀孕了，不能太辛苦的！

我惊得下巴都掉下来了，你不是已经有俩女儿了，咋又怀上了？不会被罚款么？

同学神秘兮兮地说，医生说，这次是个儿子，恐怕得罚十几万吧！所以我才很苦恼，想要找到快速发财之道啊！

我气不打一处来：人家富豪，千方百计想生儿子，是害怕万贯家财没人继承。你们自己烟口都是问题，还要冒着罚款十几万的风险，费劲巴拉的图啥？

同学有些为难地说，我是也是逼不得已，老公家一直想要个儿子。

我无奈地叹了口气，好吧！那你为了你的三个孩子，更应该拼命努力赚钱不是吗？

同学发了个抓狂的表情说，唉！我就是不想活得那么累，有没有那种躺在床上睡觉就能大把来钱的好工作呢?

拜托,天上没有掉馅饼的好事,偶尔有一次两次,不是圈套就是陷阱!想要赚钱就得脚踏实地,吃苦耐劳!

同学满不在乎地说,无所谓了,反正我就是吃苦受累的穷命。我也不异想天开的赚大钱了,只要一家人平平安安,有口饭吃就行了。不是都说孩子得穷养么?把他们放在农村老家,让爷爷奶奶带着,一只羊是放,三只羊也是放对吧!孩子怎么都能养大。

我非常严肃地告诉她,孩子生出来就得对他们负责任,你可以不给他们良好的生活环境,但至少要让他们过上正常人的生活,在父母陪伴的下快乐成长。你这样把孩子送回老家丢给爷爷奶奶,就是一种极其不负责任的自私行为。因为你的不努力和自私,父母无法安享晚年,孩子没办法在良好的原生家庭环境中健康快乐成长。

同学有些不服气地说,我又不是个例,你去农村看看,留守儿童一抓一大把。难道他们的父母都是不努力,都自私么?

我痛心疾首地说,农村普遍现象并不代表这件事情是对的,正所谓,所有的结果都和童年有关,留守儿童的成长和心理问题已经成为社会焦点。如果你们觉得在大城市打拼很累,赚钱很艰难,可以回到老家开个小店,既能陪伴孩子成长,还能照顾年迈的父母。请你们肩负起,一个成年人该有的担当和应尽的责任好吗?

如果你现在不努力,拿什么让孩子和父母过上简单快乐平淡的日子呢?

3

十九年前,十八岁的小姨,在老家鞋城做了几个月售货员后,发现卖鞋利润非常可观,于是借了五千块钱,也在鞋城盘了一个专柜。

那时,曾经和小姨一起做售货员的姑娘们看到小姨起早贪黑的进货,玩命地卖货，每天累得像狗一样，非常不理解。

她们嗤之以鼻地说，女人将来终究要嫁人，相夫教子的，那么玩命地赚钱干啥。女人嘛，干得好不如嫁得好！只要把自己打扮得漂漂亮亮的钓个金龟婿就行了。

小姨也非常不理解她们，只有干得好，才能嫁得好啊！同样是一天站十二个小时，你们为什么不自己干呢？给别人打工一个月才几百块钱，自己干一个月成千上万呢！

姑娘们个个把头摇成拨浪鼓，自己干多累啊！操心费力的，万一赔了咋办？还是给别人打工保险一点。再说了，我们可不像你一样那么庸俗，都钻钱眼里了，野心勃勃地非要赚大钱，钱是万能的吗？有钱能买来幸福吗？

年轻气盛的小姨怒不可斥，你们怎么那么自私呢？你们现在还那么年轻，只要稍微努力一点，就能给自己的老公减轻压力，让自己的孩子过得好一点，让父母安享晚年。是的！钱不是万能的，但没钱你拿什么养孩子，靠什么赡养父母。

姑娘们被小姨说得痛哭流涕，她们边哭边说，我们只是想过简单平淡的生活。

十几年过去，那些做售货员的姑娘们并没有因为年轻漂亮而觅得好夫婿，她们大都嫁给了和自己门当户对的打工仔，过着长期分居的生活。她们依然做着售货员，工资并没有涨太多，至少和飞涨的物价比起来相差甚远。

十八线县城的售货员福利待遇低到极点，没有五险一金，没有节假日，每天工作十二小时，一个月只能休息一天，还得看尽老板脸色。所以她们根本没有足够的时间陪伴孩子和家人。

人到中年的他们依然生活得很艰难，并没有想象中简单平淡快乐。

小姨虽然并没有大富大贵，但全款买了两套房子，没有房贷的压力。虽然并没有嫁得很好，但小姨父名牌大学毕业，在重点高中当老师，工作稳定体面，节假日很多，有足够的时间陪伴孩子。

小姨工作轻松自由，随心所欲，有足够的钱和时间，可以带着姥姥姥爷来场说走就走的旅行，因为即使她不在商场的销售业绩也依然很可观。

是的！小姨在该拼搏的年纪好好努力过了，所以她现在有资格过着简单快乐而平淡的生活。

正在年轻的你，如果家境一般，是没有资格选择所谓的平淡生活，因为，你的不努力，会让你和家人看不到未来和希望，你的不努力就是一种逃避现实的自私。

不要总说，我是一个女人，没必要活得那么拼。首先你是个成年人，就得有所担当，肩负起对家庭和社会应尽的责任和义务，撑起属于自己的半边天。

所以即使作为一个女人，你没有理由和资格，不努力，不奋斗。

正所谓，少壮不努力，老大徒伤悲，趁着年轻就应该多吃点苦头，这样到老了你才能轻松一点。

女人亦如此，那么男人们如果你非要用追求简单平淡的生活来逃避努力和奋斗，那就不要怪我说你太自私好吗？

不运动借口很多，说到底是懒，从今天起，好好健身，努力赚钱，当你又瘦又好看，钱包里都是自己努力赚来的钱的时候，你就会恍然大悟，哪有时间患得患失，哪有时间猜东猜西，哪有时间揣摩别人，你若盛开，蝴蝶自来，你若精彩，天自安排。

所有的努力都不会完全白费，你付出多少时间和精力，都是在对未来的积累。唯独时间最公平，你是懒惰还是努力，时间都会给出结果。

你要相信时间不会欺骗你的努力

一个二十几岁的人，你做的选择和接受的生活方式，将会决定你将来成为一个什么样的人！我们总该需要一次奋不顾身的努力，然后去到那个你心里魂牵梦绕的圣地，看看那里的风景，经历一次因为努力而获得圆满的时刻。

现在凌晨零点三十八分，我刚挂了电话，与我的好姐妹。

她拨通电话就兴奋地问："你猜我在哪里？"

我睡得迷迷糊糊地说："香港！"

她呵呵地笑，说："No！我在美国！"

我一下子呆住了，问："国际长途？"

她不满地说："你在乎的总是钱！我说我在美国，在我们说世界牛人汇聚的地方——华尔街！"她去了华尔街，这是好多年前一起看旅游杂志的时候，我们一起约好23岁生日之前要去的地方。

可是，现在，我还在山西。

她听我这边半天没有动静，生气地问我是不是睡着了，我说，我很羡慕她。她甩下一句"你活该的"，然后挂了电话。我知道，她生气了！

2003年，我们在图书馆遇到，她推荐我看了一本叫《飘》的外国书籍，那时候，我们才13岁不到。我说我看不懂，她说，你可以查字典。从那以后，我开始看她推荐的书。认识我的朋友都说我看的书挺多的，我每次听了心里都空空的。我比她差多了，只有我自己知道。

2009年高考结束，她去了北京，我去了西安。我们的生活轨迹开始变得不一样，我被新鲜的生活吸引了，忘记了她说过我们一起考香港中文大学的约定。

2009年11月，她说，我们每天晚上十点练习一个小时的普通话吧！有人嘲笑我N、L不分。我说，好！半年后，她兴奋地问我，你的普通话考了多少？我考了一乙！我说我忘记练习了，没有考！

2009年的12月，她打电话问我要不要学计算机，我说学校没有要求，先看看其他人怎么做。2010年夏天，我说我计算机软考证考下来了，她说她过的是计算机二级C语言。

2010年的三月，我爱上了一部韩剧，我说我想学韩语。她说，那我们自学，就像一起自学心理学一样！我说，好！

2011年的年底，我们一起逛街，那家精品店的老板是一个韩国大姐，我睁大眼睛听着她用韩语和老板交流。老板以为她是学韩语的学生，给我们便宜了五块钱。而我，只会说"我爱你""对不起""谢谢你"。

2011年四月，她说想跨专业考法语的研究生，问我要不要也学习法语。我说我要自学新闻学，不想学其他的。她说，好！2011年底，她用法语给我朗读大仲马的《三个火枪手》，问我新闻学的知识，我支支吾吾说不出话来。

2012年初，我的小说开始好起来，我用稿费请她吃了一顿西餐。她用翻译美剧台词的稿酬，给我买了一整套季羡林的藏书。

她说，我们说好考研的，别忘了。她还说，你说过香港中文大学是你的梦想，你不要放弃它。我说，好！

2012年年底，我说我四级才过，我不想考研了。她说，好！

2013年7月初，她说她如约考上了香港中文大学。我说，好！

2013年8月，我说我要辞职，我觉得这日子过得挺辛苦的。她气愤地说："你很苦吗？北京被大水淹，水淹没到我膝盖，我只好穿着拖鞋卷着裤管去图书馆看书，那个时候，我都没有说过我的日子苦！"

而今天，我说我羡慕她，她却生气了，我知道这是为什么。

现在，我突然间清醒了，我一直只看到她闪闪发光的地方，却不知道她这一路走来，到底是付出了什么样的代价，才换取了这样的一个很多人都想要的人生。

我走进她的卧室，里面各类书籍堆得到处都是，每一本书都有她密密麻麻的笔记，这样的时刻，我怎么忘了？

我打电话，想和她分享我因为和×××闹别扭的难过心情时，她小声说，她在图书馆学习，回宿舍联系你。那时候，明明已经晚上十一点了！

我在家里和爸妈吵得天翻地覆的时候，她自愿申请了去黔西南当志愿者的名额，她说，要翻过两座山才可以有班车回家……

此刻，我又有什么资格在这里抱怨。

我为什么要羡慕她呢，她现在得到的一切不都是过去的辛苦换回来的吗？我也被她拉着走，只是我放弃了前进罢了！是我亲手掐死了自己的梦想，不是吗？

尽管如此，我还是一直觉得自己的青春很苦，总是想着未来真的很遥远，没有我的一片天空。我太容易因为小事儿而难过，去荒废时间，忘记了我不奔跑，不会有人给我撑伞！

我现在最后悔的事情是，为什么我明明知道大学时光那么少，青春那么匆忙，但我总是幻想未来，却不肯逼自己一把，去实现梦想呢？我日复一日的不安、疑惑不是活该的吗？

终于明白了，我要踏实，我要努力，为了成为自己内心想要成为的那个人而坚持，我的一切辛苦，总有一天会因此回馈到我身上。

"时间不欺人"，这是她教会我的道理！

一个二十几岁的人，你做的选择和接受的生活方式，将会决定你将来成为一个什么样的人！我们总该需要一次奋不顾身的努力，然后去到那个你心里魂牵梦绕的圣地，看看那里的风景，经历一次因为努力而获得圆满的时刻。

这个世界上不确定的因素太多，我们能做的就是独善其身，指天骂地的发泄一通后，还是继续该干吗干吗吧！

因为你不努力，谁也给不了你想要的生活。

感觉知识不够就静下心读书，肚子上肉太多就好好健身；一边养内，一边塑外；内，涵养了自己，外，养眼了别人；身体和灵魂，必须有一个在路上。再努力一把，别让自己配不上自己的野心，也辜负了自己所受的苦难。

人生有两大幸运，一是做自己喜欢做的事，二是和自己喜欢的人在一起。实现这两大愿望，一半靠运气，一半靠努力。运气再好的人，自己不努力，好运也会渐渐走远；运气再不好的人，只要够努力，总有一天会打动幸运女神。

你之所以要努力赚钱，是因为要让自己的生活有尊严一些

你坐在我的面前，年轻白皙的面孔上写着茫然，无辜的大眼睛眨啊眨的。

你问我：为什么女孩子要努力赚钱？

姑娘，这个问题问得不错。

我反问：如果不赚钱，你打算花谁的钱？父母的？男友的？老公的？将来还可以花儿女的。听起来似乎也不错。那么，这一辈子你需要始终牢记一句魔咒。

每次念出它的时候，要语气温软，神情讨好，眼神渴望，加上适当的肢体语言，再缓缓吐出："拜托……钱不够用了……"

哪怕被拒绝也要始终保持微笑，持之以恒、不屈不挠、软磨硬泡。甚至还要付出一些其他的代价，才能达到目的。

成功的速度，也许很快。说出这句话以后，银行卡里的零头增加了，钱包里的钞票变厚了，想买的包包、衣服、化妆品……都到手了。

简单明了，不伤大脑。尽管，近似于乞讨。

永远记住一句话：别人挣的钱，不是不够你花，就是不给你花。

在父母面前，要钱的你，始终是没长大不让人省心的孩子。他们天天操心："将来我们去了，可怎么办呢？"

在老公面前，要钱的你，哪怕生了孩子操持家务累得半死，对方还是偶尔露出不耐烦的神色："怎么总是花得这么快？知不知道我在外面挣钱有多难？"

若幸运些，成了家里那个管钱的，也难免要时刻提防老公那些鞋垫下、橱柜里的小金库："孩子补课费都不够了还偷偷存钱？给哪个小婊子的？"

在儿女面前，伸手要赡养费是天经地义的，但若毫无积蓄，便是把老来的命运交到了儿女身上。碰上孝子贤孙还好，最多不过感受几分轻狂恩赐的神色。若是不孝，那该面临何种晚年惨淡情状，几不可想。字字残酷，却是现实无比。经济基础决定上层建筑，实践在社会每一个角落里。

认识一个姑娘，那天给我打电话，忽然哭了起来。

问她怎么了，她说今天下班后在院子里看到一只流浪狗妈妈生了一窝小狗，天气冷，它们冻得瑟瑟发抖。

她喜欢又可怜，却不敢收养。

原因很简单，她收入十分微薄，每天光是吃住都捉襟见肘，实在养不起这么多小狗。

她默默地看了一会儿，最终还是一步三回头地离开了。

她抽泣地说其实只是一件特别小的事情，但不知为什么就是莫名地委屈。以前总觉得赚多赚少无所谓，穷也没什么可怕的。可是转身离开那窝小狗时才觉得，有些美好的东西，富裕了不一定得到，但穷困就一定会不断地失去。

她加重语气对我说：最可怕的是，穷，连善良都失去了底气。

另外还有一个姑娘，她像你一样漂亮。恋爱谈了一场又一场，男友换了一个又一个，可她总是不开心。

问她为什么，她想了半天以后说：可能是我总是花他们的钱吧。

花有钱人的钱，总是心里没底。

不知道对方需要她付出什么样的代价，才能偿还这些消费。

也不知道万一有一天她不再喜欢他了，会不会因为花了他太多的钱，而不好意思，不敢离开。

花没钱人的钱则更难堪，知他每一分钱来之不易。若真的喜欢对方，更是生出愧疚，心头沉重。

如此循环，她总是不快乐。

许多女孩子都声称要找个有钱的、不求回报的好男人嫁了，却不想想，这天上的馅儿饼，就非要落到你头上？

哪儿有那么多有钱的好男人？

哪儿有那么多一辈子有钱，一辈子对你好的男人？

就算有，凭什么看上你？

就算看上你，又怎么保证对方一世不会离开你？

读亦舒的《错先生》，一表人才的文烈，没有任何不良嗜好，只是喜欢集邮，甚至可以用六个月的薪酬去投资一枚邮票。

女主角耐想很爱他，然而她不过小康生活，根本无力维持这样的恋情。对方房车皆无，难道一切都要靠自己？

结局自然是劳燕分飞。表姐庭如问："你错先生就此结束？"耐想说："说不定，他是别人的对先生。"庭如说："有什么稀奇，他又不是坏人，大把有奁的女士愿意贴住宅一层，工人两个，让他下班后专心集邮，你不够资格，就不必怨人。"

好一句"不够资格"，女主角不免惆怅。

"真是，有本事的女子，爱嫁谁便嫁谁，爱做什么就是什么。"

足够强大，就有了在感情中平等的资格。不必考虑对方有没有钱，只需要确认他是不是喜欢的那个人。

有钱，是锦上添花。

无钱，也不至于贫贱夫妻百事哀。

若在一起，就单纯享受情感带来的甜蜜。

若对方离开，也可以一个人活得很好，甚至更好。

的确，"练得武艺高强了，届时，任何人都是对先生"。

曾在医院里见到许多家中拮据的病人，有些因为注射不起昂贵的自费特效药，只能选择痛苦的保守治疗。

甚至还有因为出不起手术费而选择放弃治疗的，女儿跪在病房外哭着送别父亲，声声句句都痛骂自己不孝。"爸呀，怨女儿没能耐，找不到有钱的老公，还有孩子要养。爸呀，女儿对不起你！女儿别无选择呀——"

姑娘，你问我为什么女孩子要努力赚钱？

难道为的不就是这一刻？

不会哭着跪在地上忏悔，而悔恨的内容却是"为什么我找不到有钱的老公""为什么没有富有的好心人跳出来拯救我于水火"。

可以在生死攸关的瞬间，完全不考虑那些乱七八糟的旁枝末节，堂堂正正站在医生面前，大声说："给我爸妈用最好的药！我的钱想怎么花就怎么花！我说了算！"

每一位亲人的离世都令人心恸。但至少我们可以努力赚钱，不因这最低级的缺失而遗憾。

某天去一位单亲妈妈家里做客，她与那个出轨的前夫离婚后，生了一对双胞胎，非常可爱。前夫却不闻不问，每个月只给一点儿微薄的生活费。

我进屋的时候，她正冲着两个孩子大发雷霆，孩子们含着泪站在墙角，一声都不敢吭。我连忙拦下她，问她怎么了，她眼圈也红了。

原来两个孩子趁着她做饭的时候，翻出彩笔，把客厅的四面白墙画得乱七八糟。

我轻声安慰她，孩子喜欢画画是好事，只是没找对地方，发这么大的火实在不利于他们的身心健康。

她大声哭诉："我当然知道不该发这么大的火，可就是忍不住啊。重新刷墙要花多少钱，你说怎么能不心焦？看到他们，就觉得像讨债鬼。"孩子们在一旁也大哭起来。

她擦着眼泪："你不知道，就连我做剖宫产手术的钱都是问爸妈借的。只恨当初怎么就一门心思做全职太太，现在出去应聘都没人要。没有钱，内到外都是火气，哪有心情带孩子？"

我不知道该怎么继续劝说她，却想起另外一位情况类似的朋友。

这位朋友是未婚生子，更惨的是，不但她的男人没担当地消失了，连家人也觉得丢脸而和她断绝了往来。

好在她是非常优秀的影视编剧，恋爱前就有不少存款，怀孕后继续疯狂创作，收入不菲，足够预订最好的产检和生产条件。孩子出生后，她雇了一位月嫂和一位保姆伺候日常生活，完全解放了双手，自己主要陪孩子玩，和颜悦色地讲故事、做游戏、唱歌。

她说每每想起那个不负责任的男人，心情都会变差。这时就带着孩子出国，去最美的旅游胜地，住最贵的酒店，看看风景，心情自然好了。

有一次去海边度假，她睡了个午觉，醒来时发现价值十几万的钻石项链没了。她有些吃惊，但并没大吼大叫，而是把孩子叫来，耐心询问是否看到了项链。

孩子坦然地说，昨天听了所罗门宝藏的故事，刚刚跑到海边，把项链埋到了沙滩的某个地方，跟小伙伴们玩起了宝藏游戏。

她听后先是一愣，随即笑了起来。摸了摸孩子的头说宝贝真有想象力，那小伙伴们找到宝藏了吗？孩子沮丧地说没有，埋进去就找不到了。

她说那就对了，能找到宝藏的人需要拥有勇气和智慧，你要多读书，多锻炼身体，长大以后才能找到宝藏。孩子高兴地点头，说知道了妈妈。

那条钻石项链永远消失在了沙滩上，然而这一次昂贵的损失，并没有给这位母亲与孩子之间带来任何情感上的裂痕。

后来在与旁人讲起这件事时，她轻描淡写：十几万与孩子的童年相比，后者更重要。当然，因为我赚得到，所以损失得起。

前些年，特别流行一个渔翁的故事。说富人去度假，偶遇一位渔翁，富人问渔翁为什么不工作，渔翁问富人：工作了可以得到什么？富人说工作了就拥有财富，拥有了财富就可以像我一样，躺在沙滩上晒太阳。渔翁说那我现在已经在沙滩上晒太阳了，为什么还要去工作呢？

我并不喜欢这个所谓的诡辩寓言，只因为它仅仅靠着文字游戏把读者带入了"得过且过"的误区，却忽略了另外一个层面的深意。最可怕的是，让很多懒鬼与懦夫有了充足的借口，拼命宣扬"有钱买不来快乐"——仿佛贫穷就一定快乐似的。

若我是富人，当会这样回应那位渔翁：我努力工作赚钱，是为了可以拥有选择的资格。我可以选择在沙滩上晒太阳，也可以选择去南极看雪，去巴黎喂鸽子，去迪拜的五星级酒店安眠。我可以选择打着遮阳伞穿着昂贵的比基尼晒太阳，吃着冰激凌喝着冰镇啤酒晒太阳，找两个按摩师做着SPA晒太阳，我还可以选择不晒太阳只晒月亮……而不是毫无选择，只能干巴巴地、衣衫褴褛地在沙滩上晒一辈子的太阳。

穷困最大的痛苦，是根本没有选择"要"或者"不要"的权利。

摆在面前的只有一条路：不要。

毛姆在《人性枷锁》中说："人追求的当然不是财富，但必要有足以维持尊严的生活，使自己能够不受阻挠地工作，能够慷慨，能够爽朗，能够独立。"

你懂了吗？姑娘。

我们所有的努力，都只是为了拥有掌控命运的权利而已。

当然，这个世界上一定有一批上帝的宠儿。

出生含着金汤勺，找得到有钱又可爱的伴侣，一辈子风吹不着，雨淋不着，衣食无忧，应有尽有，从不为钱的事情发愁。

不必嫉妒，那是他人的福报。

低头看看自己，含的是铁汤勺，走的是独木桥，过的是大多数人的生活。

你还在盲目地期待什么？

明明拥有足以主动创造奇迹的时间，却傻傻等待一场未知的运气，是生是死还是苟延残喘，亦未可知。

你是不是傻瓜？

打起精神，从明天开始，出门去找一份工作。哪怕要面对老板的刁难，同事的磨合，种种难题，甚至憋屈、愤怒、哭泣……都是磨砺，都是注定。

但是，当钱包里塞满了汗水所得，买得起商场里一切想要的东西，刷卡并签下一份购房或购车合同时，你终会发现，除了物质，还获得了许多从未了解过、触碰过、拥有过的东西。

也许一生未至巨富，但永不会因无钱而低就，因无钱而委屈，因无钱而失爱，因无钱而受害，因无钱而送命，因无钱而悔恨。

姑娘，这就是努力赚钱的最佳理由。

不要把别人的闲言碎语当成礼物，因为你并不是收破烂的人。做好自己，当你真正完全投入到当下的事情中去时，不管这个事情多么简单卑微，你都能感受到无穷的乐趣。因为不够好，所以才要努力啊，不努力，你永远就是这个样子。

心若向阳

自然绽放

得好看有什么用，因为男人再帅，扛不起责任，照样是废物；女人再美，自己不奋斗，照样是摆设；人生就要活得漂亮！活出点责任和尊严，宁可做潇洒的女神，也不要做摆设的花瓶！男人挣钱是责任，女人挣钱是价值，长得漂亮是优势，活的漂亮是本事！爱自己最好的方式就是成就自己。

爱自己，不管现在什么状态

1

好朋友琳，工作于一所全国闻名的985高校。

很多人羡慕琳，工作体面、环境单纯、固定寒暑。就连整个人的气质和谈吐，也被工作滋养得光彩照人。

可琳的工作是院长秘书，天知道这份工作有多辛苦。

院长一般八点左右抵达办公室，琳每天七点半就会准时到达。简单整理、刷杯煮水、泡上一壶温润的正山小种，再把当天要用到的文书、眼镜、药品，一一放至院长桌边。

院长出差，琳要跟着；院长开会，琳要候着；院长应酬，琳要陪着……就连院长稍事休息的时候，琳也要负责在外对一应来访记着、挡着。

一天繁重日程下来，往往已经晚上九十点钟。琳回到家里，不但还须随时准备应对突发事件或短信传唤；还要自行加班两三小时，整理好当天记录和票务数据，安排好翌日行程和资料储备。

虽然工作于高校，有固定双休和寒暑；但身为院长秘书，琳的工作日休息时间，绝不超过每日七个小时。

但每次在任何场合遇见琳，她永远是精力充沛、妆容讲究、笑容满面的样子。

我曾特别好奇琳是如何在这样的工作里，还能将生活收拾得美好体面。某次和她聊及，才知她的生活习惯。

琳每天五点半起床，叫醒她的，不是手机自带的聒噪铃音，而是五天不重样的悠扬钢琴曲。琳姑娘起床后，先煮上一锅养颜养胃的胡萝卜玉米汤，再去浴室里从头到脚洗个淋浴，以保障作为秘书一整天的精神昂扬和神采奕奕。

待梳妆打扮一切就绪，汤也好了。琳还可以从容地在餐桌上品味一锅"红情黄意"，带着从心底溢出的能量与暖意，闪亮出发……

2

琳说，五年前刚入职的时候，面对排山倒海而来的工作，也曾鸡飞狗跳、束手无措，数度想过逃离，后来想想哪一行都不容易，就试着向前任秘书和资深达人取经。

秘书的工作要点就在于照顾和整理。于是她渐渐学会在"盘根错节"的事务中"抽丝剥茧"，化"狂风骤雨"的局面为"月朗风清"……而想要在千头万绪中找到出口，首先得学会在复杂的环境里照顾好情绪和自己。

琳学会早晨在给院长泡上一杯红茶的同时，也就着烧开的热水，给自己泡上一杯玫瑰柠檬茶。甚至会驻足一两分钟，看着紫色花苞在青花瓷杯里，一点点晕开和绽放……

院长开会的时候，她会在对工作心中了然之后，站在清朗的窗口，欣赏着不同城市不同高校的银杏和梧桐；也会与早已熟识的秘书同行们，交流工作心得，闲谈生活各面……

晚上加班的时候，琳一边敷着面膜，一边点燃一支安神的老山檀香……在宁静的夜里听着键盘敲打的声音，享受一种难以言喻的工作幸福。

所以，琳的肤色看上去总是红润，气色始终上乘，精神依然昂扬，穿戴始终考究，更重要的是，她始终葆有着对工作和生活的高度激情。

五年后的琳，对这份工作更多的是热爱。不仅因为寒暑假期她能去看高山与大海；更因为这份工作本身带给她的成就、上升与乐趣。

挑战不了生活困难的人，也无福享受生活本来面貌的美好。

能够真正驾驭生活和工作的人，往往也能驾驭自己和人生。

3

把自己照顾好了，身边的生活、家庭、工作，一切才会跟着好。

身边的一切都好了，自己也才能真正好。

几个月前，去另一座城市探望我八十多岁的外婆。

因为带去一些湘南特产，外婆便从箱子里分出1/2来，张罗着要给她同住一个院子的老闺蜜送去，说乔奶奶在湖南生活过，也一定喜欢这来自家乡的味道。

我挽着外婆走过一条长长的上坡，来到一栋有花园的房子旁。乔奶奶住在一楼，她院子里种着一排小雏菊和向日葵，有一顶大大的庭院伞和一张舒适的躺椅。

我们按了许久的门铃，主人家才姗姗来迟开了门。乔奶奶耳朵不太好，我们提高声音重复了几遍，她才大致明白，这是朋友家的外孙女从湖南过来，也给她送了些爽口的腊味与年糕。

乔奶奶耳朵不太好，但精神矍铄，她穿一件镂空的黑色披肩，带着金丝边眼镜，一头微卷的银发，挺有一种民国老太的优雅风范。

她请我们穿过阳光小院走进她家，我才知道这偌大的一百多平房子和院子里，竟只住了八十多岁的乔奶奶一个人。

后来听外婆说，乔奶奶的老伴儿三十多年前就过世了。三个子女因分散在全国不同的地方，乔奶奶好强，既不愿跟着子女住；也不让子女从另外的城市搬来陪她住。

乔奶奶的确一个人也可以生活得很好。她热爱种花，院子里的很多老太太都从她这儿索要花种子；她擅长唱歌，院子里开联欢会的时候，老太太总献上一首怀旧的苏联老歌。

可在更多阖家欢乐、翠烟升腾的时候，这位老太太却是一个人踱着小脚小步，独自外出买菜、回家烧饭、擦桌扫地，一个人循着标记索箱吃药。

很难说乔奶奶这样的生活到底算不算好，一万个人眼里大概有一万种看法。

但我的确相信，这一定是乔奶奶在现有境遇下，自己所理解的最美好活法：既不拖累孩子，也不委屈自己；既让孩子放心，也让自己开心。

既然生活如斯，我总要有办法让自己变得更好。

4

以前我总以为，那些个生活美好、优雅恬淡的女人，多半是命运的宠儿，她们因为现世安稳、生活富贵，所以怡然自得、春风满面。

后来渐渐发现，再高贵的人生都有心酸落魄时……

我们的生活，更多时候本质都一样：悲喜掺杂、高低承伏。

所不同的是。

有的人在相对艰辛的日子里，也能从苦难里开出花朵来；

而有的人即算在相对和顺的日子里，也能活得满身戾气。

聪明的女人，始终给苦留一个出口，给甜留一个入口……

那些时刻沐浴在美好里的女人，不过是学会了在何种境地里，都妥帖地照顾好自己。

学会爱自己：我们都不是很完美的人，但我们要接受不完美的自己。在孤独的时候，给自己安慰；在寂寞的时候，给自己温暖。学会独立，告别依赖，对软弱的自己说再见。生活不是只有温暖，人生的路不会永远平坦，但只要你对自己有信心，知道自己的价值，懂的珍惜自己，世界的一切不完美，你都可以坦然面对。

很多时候，我们富了口袋，但穷了脑袋；我们有梦想，但缺少了思想。我们沉湎于物质中纠缠，沉浸在欲壑中挣扎，到头来身心俱疲，精神迷惘，恍如梦境。我们是不能忽视心灵的需求的，它能让我们在困境里坚韧，在挫折前奋起，在颓废中振作，在迷途上清醒。只要拥有敢于向前的心，我们就无所畏惧。

把自己的梦想熬成了别人眼里的鸡汤

1

姑妈家的大表哥，一直是父母们眼中那种别人家的孩子。

从小到大，他都是两耳不闻窗外事，一心只读教科书，爱好学习，成绩优秀。家里面有整整一面墙壁，被用来承载他光荣的学习史。

每到逢年过节，大表哥都会被家族长辈们拉出来，当成学习楷模，然后对我们其他晚辈进行严厉的言语打击和深刻教育。

可以这么说，我们所有童年的阴影，很大一部分原因都与大表哥有关。

这种情况一直持续到大表哥高中毕业。

第一年应届高考，考试那几天他恰逢重感冒发挥失常，只是一个趔趄刚好过一本线。这对于一直便把985作为基本起点的表哥来说，自然无法接受，志愿都没填便扎进了复读的队伍。

那一年，他的体重由一百九成功降到一百四，所有人包括他自己都认为不说清华北大，TOP10至少没得跑了。

可造化弄人，成绩出来后，反而离重本线都差了几分。

家族的长辈们虽然都是和声安慰，但背后也都暗自嘀咕，这孩子应考能力不行啊，果然还是不能读死书……姑妈也不想他承受太大的心理压力，不愿意他继续复读。

2

我不知道那段时间大表哥是怎么熬过来的，他把自己关在房间里一整天，出来后便对父母做出了不再复读的决定，让姑妈他们松了一大口气。

我问他为什么放弃了，大表哥说，没必要把时间和青春耗在这里，后面还有机会。

其实我知道，很大一部分原因便是他不想让父母担心。

暑假过后，大表哥便拖着箱子决然地去了吉首大学。

大学期间，尽管仍可以经常听见他获得各类奖学金的消息，但长辈们终究不再将他当作别人家的孩子。

大四那年参加考研，他把目标定向了本专业的顶级学校：上海财经大学。第一年败北，但得益于成绩优秀，毕业后有银行向他伸出了橄榄枝，姑妈他们自然是非常高兴，可无论他们怎么劝说，一向乖巧听话的大表哥，都坚决地予以了拒绝。

后来家里因为这个事情越闹越大，很多亲戚也加入了劝说的阵营，大表哥干脆一个人提着箱子又回了吉首，在学校旁边租了房子，专心考研。

那年十一月份，我和同学去凤凰旅游，途经吉首，在车站旁边一家火锅店里，大表哥招待了我们。我询问他近况，他用一句还好便回答了所有。

其实我知道并不好，很明显他的眼神略显疲惫，而且相比以前又瘦了。现在的样子任谁都不会想到，他曾经是一个超过一百九的大胖子。

在去车站转车的路上，我几番欲言又止，最后他看出了端倪，笑了笑说你是不是想说我为什么宁可过这样的日子，也不愿听你姑妈的，选择去银行工作？

我委婉地说，我只是觉得如果当时就参加工作，几年的沉淀未必就会太差。

他看了我几眼说，你说得对，未必会太差。但我也没错，因为我想更好。

我小心地问，万一又没有考上你准备怎么办？

他顿了顿，说我知道你们都认为我偏执，但其实我没有，我只是在我还奋斗得起的年纪里，绝不容许自己选择妥协与放弃。

上车后，我望着他瘦弱的身子套在红黑相间的羽绒服里，形单影只地踏往回去的路，最后一点一点地消融在熙攘的人群中。

他对这座城市或许没有多少热爱，梦想成了唯一让他在此驻留的理由。那一瞬间，我突然觉得有些感动与难过。

同行的同学说，其实你表哥没有骗你，他是真的很好，就和我们旅游一样，再累也觉得开心，我们体会不到他那种为了心中的信念，不断奋斗的乐趣而已。

或许老天和他开玩笑上了瘾，大表哥二次考研再次败北，这时候父母以及家族里的长辈们都不再言语，只是暗地里为他当时拒绝银行的决定而摇头叹息。

虽然他再次选择了拒绝调剂，却也没有再说继续坚持，而是默默地在长沙找了份工作，和普通的上班族一样，工资三千，朝九晚五。唯一不同的便是，在这座号称娱乐之都的城市里，下班后他不向往其他人所热衷的夜生活，而是选择关在房间里埋头耕耘自己的梦想。

幸运之神终于在第三次考研后降临，他收到了上财的录取通知书。我祝贺他，说恭喜你再次成为别人家的孩子。

大表哥笑了笑，一脸神秘地打趣道，这才中途而已，可不是终途。

果然，几年后他又收到了斯坦福大学的offer。

在家庭庆功宴上，大表哥梳着油背头，西装革履，人模人样。我突然忆起了那年在吉首汽车南站，他的眼神写满疲惫，裹着红黑相间的羽绒服，在寒风中向我挥手告别。

4

如果不是那个记忆犹新的场景，我差点就忘记了他曾将自己置身在举目无亲的湘西边陲小城里，只为让自己远离流言蜚语，也忘记了他是怎样独自忍受着孤独，又是怎样一个人对抗着整个世界。

或许，世人皆是如此。

在别人登顶巅峰的时刻，我们都习惯惊羡于他绽放出的万丈光芒，却不能尝试将目光移到他的身后，探寻他来时的方向，那里才真正隐藏着助他翱翔的秘籍与宝藏。

在寻梦的路上，初出茅庐的你满怀憧憬，意气风发。可慢慢地你便动摇了最初的信仰，眸子亦逐渐淡失了昔日的清亮，甚至某一天当你拿起别在腰间的鼓槌，却发现它早已腐蚀在现实的风雨里，最后你跌倒在比肩接踵的人潮中，惊恐地看着自己鲜血淋漓的伤口，仓皇逃离。

你颓然地坐在原地，努力安慰自己，成功者只是源于上帝的垂青，梦想本就只能是梦想，它的幻灭正是自己成长的证明。

可你从没想过，哪一份自信从容的微笑背后，不是烙满汗水与泪水浸润的脚印。而春天之所以如此温暖，不也是因为历经了整个寒彻萧瑟的隆冬。

别再喊痛，喊累，责骂现实的残忍，痛斥上帝的不公。现实凭什么对你温柔以待，上帝更是没有闲情对你施以不公。

弱者才习惯把自己不能坚守而被现实磨灭的梦想，当成世界欺骗自己的理由。而强者，却把自己的梦想熬成了别人眼里的鸡汤。

谁的成功不是栉风沐雨，谁的人生不是斩棘前行。

不去抱怨，不浮躁，不害怕孤单，能很好地处理寂寞，沉默却又努力，那时说不定你想要苦苦追寻的梦想，已经握在你手中了。等你已经变成更好的你，继续勇敢地追寻下去等下去，真正能治愈自己的，只有你自己，总有一天，我们都能强大到什么都无法扰乱我们内心的平和。

年轻就别叫逼什么平平淡淡才是真。你们的平平淡淡是懒惰，是害怕，是贪图安逸，是一条不敢见世面的土狗。趁着年轻就应该拔腿就走，去刀山火海。

别怕，生活里没有那么多大怪兽要打

和闺蜜们聚会，说起时间过得飞快，眼看就快要三十岁了，姑娘们一片哀号，惧怕这个年龄，惧怕跨过了二字头，未知生活带来的改变。

琳达说，看着大学生脸上满满的胶原蛋白，会觉得自己涂再多的保养品，也敌不过一张青春四溢的脸。

四克说，在海外不知不觉三十岁生日就这么到来了，一点防备都没有。在海外工作，生活，漂泊，并不知道什么时候才是个尽头，又要拿什么来迎接三字开头的第一年。

即使有事业有家庭有女儿的人生赢家Aline，也会烦恼要三十岁了，所以未来风会往哪个方向吹，而我们又该朝哪个方向走。

可是，这个年龄让我们如此谈虎色变，如此惶恐焦虑，害怕三十岁的我们，究竟在害怕什么呢？

我曾经以为，姑娘们害怕三十岁，不过就是害怕变老了，不美了。

二十出头的日子，我们清汤挂面，素面朝天，依然在人群中笑颜如花。而现在我们往脸上涂一层又一层的护肤品，煲汤食疗，健身跑步，总之内补外疗，也无法抵抗地心引力，也无法改变熬一个夜，就需要一周的时间来恢复。

我们仔细地画着眼线，我们花了俩小时，极力追求画出一个"裸妆"。如今，我们花大量的时间和金钱，砸一个裸妆。

什么是裸妆？其实，裸妆就是画出你二十出头时候清汤挂面，却神采飞扬的样子。三十岁的我们，好像愿意付出一切代价变成二十多岁的样子。

我问过H小姐，所以，我们只是害怕变老，害怕不美吗？

H小姐说，当然不是，我们还害怕孤身一人。

前些天在北京，遇见了在圣保罗时候一起玩耍的某民族品牌财务总监。他回国了，婉拒了一家国内的巨头公司的offer，跳槽去了一家创业公司。

我问缘由，他说，另一家巨头公司location不定，可能一年半载过后，还是要外派。

他说，快三十岁了，漂泊了这么多年，如今不再想要那种强烈的漂泊感，不想要一直这么赚钱赚钱，除了工作，还是工作，没有生活。

"快三十岁了，不再想要这么孤身一人。"

所以他宁可拒了一个薪酬奖金，以及职业上升空间客观上来看都特别满意的offer，还是选择和女朋友在一个城市。

聊着当年一起在圣保罗玩耍的小伙伴，彼时，我们都单身，现如今，一起玩耍另两个总监，也都结了婚，生了娃。彼此的生活都发生着巨大的改变，我们才发现，那些放荡不羁的日子不是永远。

二十多岁的时候总是很热闹，身边一起玩耍，一起浪，一起放荡不羁爱自由的人很多。我们迎着朝阳，和着吉他，歌唱我们的理想和远方。

就像，年轻的时候我们总是在说，生活在别处。

后来，我们站在三十岁的或前或后，会发现，当初二十多岁我们放荡不羁爱自由，而如今都是老婆孩子热炕头。

就是突然有一天，你发现身边不再热热闹闹了，那些当初一起半夜被追尾，还一起去警察局的小伙伴们都纷纷结婚生子的时候，那种害怕三十岁孤身一人的感觉尤其强烈。

我认识很多这样的男生女生，他们都在年轻的时候生活在别处，二十几岁过着普通人两三倍精彩的生活，但是他们都没有依依不舍那样的浮华和多彩，纷纷在三十岁的或前或后，选择结束漂泊的生活，不再想要孤身一人。

一个在斯坦福读了文科硕士，匆匆回国的姑娘说，那些足够精彩的生活敌不过，那种快要三十岁自己依然孤身一人的落寞感。

所以，我们害怕三十岁，因为我们害怕三十岁孤身一人。

但是，那些结了婚的男生女生呢？就幸免于这样的年龄恐慌吗？

当然不是。

某一天，Lilia问我，回国怎么样，感觉好不好？

我说，不好。

Lilia说，谁都有资格说卸任了不好，但是你没资格。她说，回国的这一年多，你出了书，嫁了人，公众号有越来越多的粉丝关注，有这么多人喜欢你，就是一年而已，你还想要怎么好？

我一时语塞，不知道如何回答。

我想，我之所以觉得不好，是因为我离自己想成为的自己，还有差距。

我也突然发现其实我们很多人说，害怕三十岁，其实是害怕到了三十岁，自己依然没有什么本事，依然一事无成，依然没有成为自己想成为的那个人。

所以我们恐惧那一天的到来，因为三十岁像一个成人礼一样，提醒着我们长大，也像一面镜子一样，站在那个节点上，过去的一切得失一目了然，你过去种下的果子，慢慢是否都将会有收成。

我们不敢站在镜子面前，看卸了妆的自己，眼袋和皱纹都一清二楚，也不敢站在三十岁这面大镜子面前，看看自己这么多年的得失收成，看看自己距离自己想要成为的那个人，还有多远的距离。

我们害怕站在"三十岁的镜子"前，因为这个时刻冷漠，客观，冷静，抽离，你是什么样的人，镜子里就是什么样，我们每天自拍都可以美图，但是这一天，我们必须诚实面对自己。

嘿，三十岁。

我们站在这个节点的或前或后。有人害怕变老，有人害怕不美，有人害怕三十岁孤身一人，有人害怕三十岁一事无成。

终究都是因为，到这个节点，生命将不再用某一个角度，某一个片段来衡量。

年轻时候，我们只要美就会很快乐，但现在我们要有颜，有钱，有人爱。

在这个节点上，我们的喜怒哀乐将不再仅仅由事业，或者爱情，或者旅行来决定，我们需要的更多了，生命也将用更多的维度来衡量我们的成就和得失。

我们需要在事业，家庭，自我价值，个人实现，社会认可之间找一个平衡点，我们才会快乐，我们热爱生活本身，我们才会不惧怕年龄。否则，我们将永远像一个救火队长，狼狈地解决一个又一个新冒出来的问题。

二十多岁，我们求学，我们旅行，我们变美，我们在一个又一个单独的领域学着各种本事，我们努力，我们囤积实力，是因为到了三十岁的那一天，生活里的大怪兽袭来，我们需要这些本事一齐发射，才能打败那些不安和焦虑，才能拥有更加从容，淡定，更加美丽精彩的30+。

不信，你想想身边30+过得光鲜亮丽的姑娘们是不是都是这样，具备了一切单独的实力和平衡的本领，然后她们咽下一口咖啡，抬起头，从容优雅地对你说：

"我觉得30+比20+更美好了。"

每个人都会有一段异常艰难的时光，生活的窘迫，工作的失意，学业的压力，爱的惶惶不可终日。挺过来的，人生就会豁然开朗；挺不过去的，时间也会教会你怎么与它们握手言和，所以你都不必害怕。

如果感觉自己正走得的不顺。恭喜！障碍是上天给你的机会，它总能撂倒一些人，只要你努力不让自己趴下就行！撑住了！快要忍不下去的时候想一想：其实对手也正各种煎熬着。成功是什么？成功是：在别人放弃的时候，你多忍了一分钟。

别让放弃将自己逼向绝路

高中同学Z的故事。

大三那年他执意退学。几乎是跟家庭决绝的状态，僵持之下办了休学。自己一个人带着两千块钱到北京。2008年，Z同学还没有大学毕业，又没有一技之长，碍于面子也不想做技术含量低的工作。在北京溜达了两个月零五天，发现自己只剩下两块钱了。那天晚上在地下室的木板床上，他纠结着要不要给家人打电话求助。

第二天早上，穿着带着霉味的衣服出门，用两块钱买了馒头，和一瓶水。吃完之后，一直走，目的地是哪里他也不知道。中午，走到了天安门广场。走累了，Z同学在人民英雄纪念碑之前的台子上坐下来。被他捏扁的矿泉水瓶，被人捡走了。

秋天的午后，阳光正好，Z同学只感到了阵阵寒风，一直坐到了天色变灰。也许是他穿得太破了，一个小孩把空水瓶仍到他的脚边。

Z同学说，没有任何语言可以形容他当时的感受，羞耻，无助，委屈，还有对自己无能的愤怒。他突然意识到自己的前二十年，被荒废得如此彻底。

Z同学盯着那个瓶子很久很久，终于弯腰捡起来。捡起来第一个，后面的就轻松多了。那一晚，Z同学捡的瓶子装满两个大袋子，是电视上那种比小学生还高的鱼皮袋。正好他住的出租屋的旁边就是一个垃圾回收站，一个晚上，收获了八十二块钱。Z同学一毛线都没有花，拖着疲惫的身躯直接回到出租的地下室。

那天晚上他握着这八十二块钱，忘记脚上磨出的血泡，忘记一天没有吃东西，只是在被窝里哭得稀里哗啦：图什么。

Z同学说，当时毅然决然到外面的世界闯一闯的时候，怎么都没有想到，第一笔收入靠的是"拾破烂"。半个月，他买了辆自行车，跟着一起住在地下室的男孩送快递。两个月后，找了一个库房看管员的工作。晚上就在昏黄的灯光下看书。又一个月后被经理调到了办公室打杂。然后勤奋好学，领悟力又强，成功推销出自己，做了经理的助理。

这一年的磕磕绊绊，Z同学深深认识到，要生存，比考上重点大学困难多了。再忙也保证每天八小时的学习。吃饭睡觉娱乐的时间，能压缩就压缩。

后来他回学校完成了学业，也针对性地构建了自己的知识体系。毕业后，跨入物联网行业，事业做得风生水起。

Z同学说："这经历一点都不好玩。我希望其他人不要把自己逼到这么无助的境地。只是我以前过得太安逸了，从来都没有认真想过为自己独立生活储备点什么。等到口袋空空的时候，才知道储存精神食粮。不过，不管处境多么狼狈，也不用害怕，因为一个人的潜能很大，有无限大，只是我们在绝望的时候，才想起来去挖掘。"

Z同学给我讲这些故事的时候，坐在城墙边上的一家咖啡厅。冬天午后的阳光打在那张棱角分明的脸上，温暖，明亮。

"离开北京之后，曾以为这辈子再也不愿意去那个让人一夜长大的地方。"Z同学笑了笑说，"不过，这还没过两年，就想回去了，想把自己拖着大塑料袋走过的地方走一遍，不为别的，只为了看看起跑的地方。如果不是那一年的落魄，我在学校里还是跟同龄人一样混日子，眼高手低，混吃等死。不踏实不努力，也不会有现在的心智和能力。"

Z同学说，后来看电影《当幸福来敲门》，简直就是在看自己，死磕。最喜欢的台词是，只要有梦想，你就与众不同。

是啊，只要希望在，一无所有的日子就不会太长。不管是在怎样艰难的境地，不管有多少人说你"不行"，只要自己不给自己放弃的机会，终将展翅飞翔，成就与众不同的自己，闪闪发光。

也只有在看似无路可走的时候，一个人才会想起来努力地扑扇翅膀，才能更快的学会飞翔。

我们小时候看过这样的故事：一个农夫养了一只鹰，不知道自己能飞。农夫想要让它学会飞，就把它扔下了悬崖，于是鹰在坠落之后展翅高飞。

中学时候也读过：盖西伯拘而演《周易》；仲尼厄而作《春秋》；屈原放逐，乃赋《离骚》……

大学毕业之后重读《三杯茶》，理解了写在开头的那一句波斯谚语：天空越暗的时候，你越能看到星辰。

曾经我们被人牵着鼻子走扶着翅膀飞，忘记了无常才是生命的常态。看到太多道理，没有真正经历过一个人孤立无援的日子，怎么也不能明白，挫折只是一块块垫脚石。

在磕磕绊绊之后，才能看清楚，所有的磨难，也是历练，是我们成长更快，变得更好的机会。

生活不会平白无故给你想要的。越早认识到这一点，就越早学会在消极处境中积极为人生储备，然后，等风来。有时候，逼自己一把，才能看到更广阔的天空。

无路可走的时候，不要忘记自己还有翅膀，你还可以努力飞。这翅膀，是多年来的积累。无论何时，让自己的羽毛丰满起来，就不怕无路可走，也不怕任何方向的风。

前些天，我到北京跟小学同学M姑娘一起吃饭。她在北京学习工作了近十年，有一个爱人，一个小房子，一辆小车子，有两份工作。

她说，都是被逼的，你没有尝试过一无所有时的恐惧。两份工作，一份赖以谋生，一份是备份，以防万一也不至于无路可走。

在北京看着熙熙攘攘的人群，我知道这些人里面有无数的Z同学和M姑娘。他们挥洒着汗水，也怀揣着希望；他们脸上写着笃定，笃定地相信未来一定会越来越好。

看着在地铁里看雅思英语的女孩，我想，"逼着"一个个年轻人奋斗的，是高房价和高消费，更是执着和梦想，为了更圆满的生活，和更美好的自己。

朋友曾说，北京是一个站在大街上喊一声都没人回头看看你是谁的城市。但这座城市，也是公平的，是努力就可以离目的地近一点点的地方，只要愿意，就能走下去。我们都被生活所迫，也被"迫"变得越来越靠近自己想要成为的那个人。

贾拉尔·阿德丁·鲁米写过一段诗：你生而有翼/为何竟愿一生匍匐前进/形如虫蚁？

我们"生而有翼"，不管是弱不禁风还是能御风飞翔，一定是有的，只是我们还不自知。在无路可走时，才能觉醒，原来还可以向上飞。

之前装修房子时认识的一个室内设计师，老刘，熟悉之后聊了他年轻时的故事：中学时是问题青年，逃学，打架，没有考上好的大学。

家里卖掉了一套房子送他出国读书。爸爸把现金一摞一摞摆在他面前："这是你以后娶媳妇和买房子的钱，给你读书了，以后你自力更生，我们不管了。"

老刘在国内读书时看到英语就头疼，出去之后半年完成了一年的语言课程。老刘说，爸爸说到做到，还真是不管了。他在陌生的环境里像一个白痴一样生活不能自理时，突然意识到没有人能为他的未来负责，除了努力，他别无选择。

后来老刘四年的成绩单上没有一科是"A"以下，才知道原来自己也可以做学霸，也可以学成归来，也可以用双手和头脑撑起自己的事业。

老刘说，记得当时在新西兰街头的无助，让十八年的寄生虫生活一下子结束了。也正是那段没有谁可以依靠的日子，让他开始修炼自己的金刚不坏之身。

没有任何一个人可以在一条路上一马平川地走到最后，也许一不小心就会把一条路走到了尽头；也许一不留神眼前的路就被时代洪流淹没成了断头路；甚至会突如其来一场冲击，直接把脚下原本平坦的路变成了悬崖边……

无路可走时，还可以试试自己能不能飞起来，然后拼命飞，探索一个出口。这出口之外，是更广阔的天地，更灿烂的阳光。

所以，当感到人生陷入困境的时候，抬头看看上方，那里还有一片希望的天空。人生的状态是立体的，多维的。只有你放弃的时候，才真的是被逼上了绝路。

很喜欢一句话，"仰望星空，脚踏实地。"若我们不断努力，也积极储备，才能在人生的航道上，一路前行一路高歌，任凭电闪雷鸣或是暴雨滂沱，都不怕。

年轻如你，无路可走的时候，记得你还可以飞；也只有在无路可走的时候，你才能更快学会飞。

数年之后，回头看，一定会看到一个了不起的自己。

坚持不一定成功，但是不坚持一定不会成功。并不是井里没水，是挖的不够深。不是成功来得慢，是放弃的快。成功路上，最能激励你前行的并非远在天边的励志语录，而是身边朋友积极上进的日常。与勤奋的人同行，相信你会更加独特。

弯路不仅有风景，更可能是被忽略的近路。真正的勇气，是愿意带着恐惧前行。不要担心，你的付出，岁月会回报给你。

不沉溺于恐惧，冰雪之上还有好花静开

再恋爱时，她已过四十岁。作为闺蜜，我喝着她煮的咖啡，肆意毒舌："搁在别人，也还算春风吹，可偏偏是你，再甜蜜，也像冰淇淋落到冬天的胃里，叫人担心可否消受。"

"绝交！"她恨恨出声，又嫣然一笑，"周六再绝吧，说好周五你请我吃火锅的！"每一年，她至少跟我绝交三乘三十次，谁在乎。我在乎的是，她会否再次受伤。

她一心一意爱一个人，由十六岁爱到四十岁，还是以离婚告终。她从洋娃娃变成了洋阿姨，可那颗心却由玻璃变成了水晶。

因为心思单纯，隔了二十余年，带着那些好了的伤疤和忘记的疼痛，她的恋爱仍是十六岁的感觉：天上云飘飘，地上人笑笑，柳丝摇呀摇。

她在签名上大声说爱，在微博里晒幸福，在任何地方都捧着蜜罐子，叫人看："蜜汁！蜜汁！甜的，我的！"她像只有六岁，没心机，没眼色，没留一丝退路。

按说也不小了，可一爱，就拍手唱歌，大笑大叫，要空气阳光全知道，要天地人神都听见。

听说是网恋，我顿时心惊肉跳："你这男友，该不是网购赠送的吧？"她充耳不闻，脸上是六岁孩童的笑意。

接下来，我眼见她痴痴爱，眼见她长相思，眼见她情切切跑去银行打款，据说，男友家人罹患重症。然后，恋人一无消息。我的心，跌至谷底，摔得粉碎，做她闺蜜，真是催人老。

她在微博里惊叹："看烂了的本埠新闻，也会发生在我身上！"

这段爱，高调出场，高调谢幕。她虽不发恶声，可那工蜂般辛苦赚来的钱财，还是放在心上的。

凌晨三点，她敲开我的门，跟我谈那堆刻骨铭心的钱，说没什么大不了，权当看病了，贼偷了，发大水冲走了。

我旧病复发，再次毒舌："看什么病？你比水泥桥墩还结实！上次感冒，开了八十块钱的药，你才吃了五块钱的，就一键还原欢蹦乱跳了。这辈子只被毛贼偷过一次，还凶相毕露，把人家追得口吐白沫，原包奉还。至于发大水，我们这地方一年下一次雨，一次下五分钟，得攒两百年才能冲走你那堆钱吧！"

她幽幽道："那么，就当我俩吃火锅吃掉了。"我愤然开口："我没那么能吃！少把恶人的肥肉，套在好人腰上！"她哽咽起来，抽抽搭搭地睡着了，睡了将近二十个小时。我知道，这一觉醒来，这段坏时光，就算翻过篇了。

日子照常过着，大家都忙，疯狗一样地加班，加到六亲不认，朋友更成了外星球生物。好不容易闲下来，立刻拨她电话。那一头，是太阳晒过、糖渍过的欢喜：恋爱了，思念了，花开了。声音悄悄的，说此时她家窗外锦绣成堆，鸳鸯蝴蝶飞，阳光赖在她家屋檐不走。望着窗外灰不拉叽的天空，我一遍遍确认，她说的可是这座小城。

当我听说还是前面那个失踪掉的男友再次出现时，惊得像跌入噩梦，一迭连声地追问："钱钱钱还了没有？"她大声回应："还了！"我紧追不舍："是双倍还是原数奉还？"她笑得什么似的，仿佛从来都没哭过。

她约我去草原看日出，说新男友也会去，大家见个面，我顺便帮她把关。这本是父母操的心，为什么我这闺蜜得一把屎一把尿地前后侍奉？

她淡淡说，男友会带烤炉和锅灶去，到时可以吃到正宗的烤肉和奶油蘑菇汤。我立刻收起抱怨，说下下任男友也请让我把关。

那天，我几乎没有机会说话，红酒和烤肉统治了我的嘴巴。我只拿眼睛打量他们：两个都是中人之姿，看眼睛是孩子，看皱纹也老了，被时间或轻或重地磕过碰过，但脸上有种欢喜相，再沧桑，也是一对可人儿。

夜幕四合，篝火熊熊，她与男友端着酒杯，加入跳舞的人群当中。红酒泼泼洒洒，酒汁撞着火光，浸在沙里，空气甜蜜，人声恍惚，没有什么被浪费。

夜半，寒流忽至，大风横着吹，我们没能看到日出。回去的时候，下小雪，车坏在荒郊，手机没有讯号。山里冷，道旁的溪水结成明亮细长的冰条。她提议下去溜冰，一下车，我们几乎同时惊叫起来：对面的山崖上，开满淡黄浅白的小花，在阴霾里摇着手，似在一遍遍说什么。

她忽然学着那些小花朵，对着阴霾扬起手："嗨，你好，坏时光！"

我一下怔住：她有过大把大把的好时光，也有过大段大段的坏时光，可她从不欺负自己，公平对待自己，给爱机会，也给伤害机会。若不执着于哀伤，坏时光也没那么痛彻心扉；若不沉溺于恐惧，冰雪之上还有好花静开。

你好，坏时光。

当你感到有恐惧和疑虑时，就如同面临一条拦路的小河沟，其实你抬腿就可以跳过去，就那么简单。在许多困难面前，人需要的，只是那一抬腿的勇气。

每个人都有一段独行的时光或长或短都是无可回避的过程，无惧路途漫漫我会找到时光里最刚好的自己。

当命运露出狰狞的一面时，坦然无畏地活下去

姑姑和人合伙开了一间美容院，在她四十一岁这年。这是她第N次创业了。姑姑卖过服装、开过饭馆、推销过化妆品，甚至还远走贵州开过洗脚城，结果无一例外以亏本告终。人们都说，奸商奸商，无商不奸，像姑姑这么善良老实的人，做生意怎么赚得到钱？

如此折腾了几年之后，姑姑原本攒在手里的一点点存款全部打了水漂，还欠下了一屁股债。生意最惨淡的时候，是和人一起在县城开服装店。当时姑姑是借了高利贷准备去打翻身仗的，谁知人算不如天算，步行街人气始终不旺，生意也跟着一落千丈。

那年暑假我去看她，偌大的服装店只有她一个人守着，为了节省开支，连卖服装的小妹也不请了。中午吃饭时，小表妹也在，我突然懂了事，推说不饿，三个人只叫了两份盒饭。姑姑还是保持着热情的天性，一个劲地往我饭盒里夹肉丝，自己光吃青椒了。

服装店没撑多久，还是关门了。姑姑还算平静地接受了这个现实，为了还债，更为了一双儿女，她去了好姐妹开的超市里打工，说是售货员，其实收银推销什么都做。超市货物运来时，姑姑帮着搬上搬下地卸货，有时做饭的回家去了，她也帮着料理一大群人的伙食。其实她的本分只是售货，可姑姑说："都是很好的姐妹，能搭把手就搭把手，计较

那么多干吗。"

　　姑姑的腰椎病，就是那时候落下的。毕竟，有些货物像酒水饮料什么的着实不轻，三十岁以前，她过的是养尊处优的少奶奶生活，哪里干过这样的重活。每次卸货之后，腰都会酸痛好几天，有时胳膊都抬不起来了。

　　为了小表弟上学方便，姑姑一直住在镇上。她在镇上是没房子的，还是从前的姐妹出于好心，借给她一间房子暂住。我去她住的地方看过，一间房子搁两张床，吃饭睡觉都在这间房子里，平常她和姑父带着小表弟住，表妹回来了也住这，看着未免有几分心酸。屋角摆着个简易衣橱，拉开一看，好家伙，满满一衣橱的衣服裙子，都熨得服服帖帖挂得整整齐齐的。再看看姑姑，小风衣披着，紧身裤穿着，摩登的样子一丝丝不改，真像是陋室中的一颗明珠。我这才发现，原来自己的心酸是太过矫情，到哪个山唱哪首歌，人家瞧着姑姑是落魄了，她其实过得好着呢。

　　再后来，姑姑连生了两场大病，先后摘除了子宫和阑尾。人看上去憔悴了不少，脸色远远没有年轻时那样光彩照人了，只是穿着打扮仍然丝毫不松懈。我问起她的病，她就撩起衣襟给我看她小腹上的两道疤。两道粉红色的疤痕凸现在她雪白的肚皮上，看上去略有些面目狰狞，她开玩笑说："这要再生个什么病，医生都没地方可以下刀了。"

　　谁都以为姑姑就会在超市里一直干下去，直到干不动为止。没想到事隔多年以后，她拿出多年来和姑父打工积攒的辛苦钱，又一次投身商海。当然，这次她保守多了，只是美容院的小股东，而且兼职店面看管人，每月能拿固定工资，不至于一亏到底。开美容院这个行当还真适合姑姑，她打小就爱美，不管处于什么样的境地都把自己收拾得光鲜体面，小镇上的人一度拿她当时尚风标，说起她来都爱叹息自古红颜多薄命。

　　姑姑薄命吗？兴许是的。从三十岁以后，命运从来都不曾厚待过她。病痛穷困就像那两道面目狰狞的疤痕，印在了她的身上。可是姑姑既不怨天尤人，也不妄自菲薄，而是带着那两道疤痕坦然地、面带微笑地活下去。

最近姑姑加了我的微信，她仅仅读过初中，使用起微信来却并不生疏。我经常看她在朋友圈里上传一些美容、养生的内容，想象着在老家美容院里温言细语为顾客服务的姑姑，心头时常会响起她劝我的话："媚媚，人这一生啊，说长不长，说短不短，别计较那么多，什么事情都要想开点，吃点亏不用放在心上。"

姑姑已经41岁了，这两年苍老了很多，可是在我心中依然那么美丽。姑姑的故事常常让我想起《倾城之恋》中的白流苏：你们以为我完了，我还早着呢。

我还想说说一个朋友的故事。阿施是我采访中认识的，地地道道的广东本地人，货真价实的"靓女"，人生得高挑秀丽，还温柔得很，说起话来总是和声细语的，配上动人的微笑，真让人有如沐春风的感觉。

我采访阿施的时候，正是她人生的巅峰。那年是虎年，她的本命年，正好我们要找十对属虎的新郎新娘采访，阿施就是这十位新娘中的一位。当时她向我描述新婚燕尔的生活，言语间不时流露出初为人妻的甜蜜。我记得她发给我的照片，穿着白色的婚纱，赤足踩在海滩上，对着老公一脸灿烂的笑，她的身后，是碧蓝的大海。

长久以来，阿施给我的印象，就像这张照片一样，美得不染人间烟火。我有时想，天使落入了凡间，或许就是她这个样子。直到我也做了母亲，两个人比以前亲近些，有次吃饭时聊起家庭，她忽然问我："你知道我家里的事吧？"我懵懂地摇了摇头。阿施想了想，终于开口说："我老公出了场车祸，很重的车祸。"我一下子懵了。

变故发生在一年前，那时阿施刚生了宝宝不久，孩子还只有两个月，老公就因疲劳驾驶出了场车祸，车撞得完全变了形，人也撞得七零八碎，骨头飞了一地，有些都捡不回来了。老公在ICU里住了小半年，这期间阿施的妈妈也生病了，查出来居然是癌症，父亲要上班，家里家外都是阿施一个人在忙，怀里还有个嗷嗷待哺的小娃娃。最痛心的是，婆婆不但不帮她，还指责她没照顾好儿子。

再难熬的日子也会挺过去，等到阿施向我诉说的时候，事情已经过去了一年，老公还在住院，正在缓慢康复中，可以不用拐杖独立走动一段路。妈妈的病没有恶化，生活能够自理。宝宝也长大了，会走路会说话，还会给妈妈倒水疼妈妈啦。

"我都不知道自己是怎么熬过来的。"说到这些，阿施眼圈有些发红，很快又恢复了微笑。她说，最艰难的时候，都想过要放弃了，那些日子里，儿子就是她生命中唯一的光。

我看着面前的阿施，她还是那么靓丽温柔，我根本想象不到，在她身上曾经发生过这么大的不幸。我和她认识以来，似乎一直都是她在关心我，工作上有什么烦恼，采访时想要找本地人，都是找她帮忙，在过去的一年里，这种状况也没有什么变化，每次我在QQ上和她说话，她都是事无巨细地一一解答。

在她的空间里，我常常看她晒一些旅行、聚会、和朋友吃饭的照片，照片中阿施看上去开开心心的，只是比以前瘦了些，我何曾想到，在她产后暴瘦的背后，有着这样的变故。长久以来，阿施就像一轮小太阳，向身边的人散发着光和热，这些人中就包括我，可是我居然不知道，小太阳的内心早已经燃烧成了灰烬，曾经面临着完全冷却的困境。

"其实也没什么啦，也许是老天以前对我太好了，所以要考验一下我。"阿施说，在过去的一年里，她使出了全身的力气去努力生活，努力照顾好每一个家人，把自己打扮得漂漂亮亮的，儿子生日时让人上门拍亲子照，把全家都安顿好了还抽空去了次泰国，最后她发现，原来一直习惯被人照顾的她，也可以这么能干。

说到未来，阿施对老公的彻底康复并不是特别有信心，她唯一可以确定的是，不管处于什么样的境地，都要让自己的生活保持"正常"的样子。"如果我都倒下了，一家人还怎么支撑下去。"阿施掏出手机给我看她的亲子照，照片上，她抱着儿子，两个人都在笑，比起海滩上的那张照片，她的笑容不再那么无忧无虑，而是多了一些沉甸甸的内容。我怎么觉得，这些沉甸甸的内容令她的美更有质感了呢。

如果你还想听的话，我还可以说出很多这样的故事，我奶奶的故事、胡遂老师的故事、小邬师姐的故事、保安小王的故事、我自己的故事。是的，我之所以会说这些故事，归根到底是为了在他们的故事中找到支撑我前行的力量。这些年来，我一直过得很不开心，有时我问自己："你为什么这么不开心呢？"抱怨成了我的常态，只要是和我走得近的人，都听过我的抱怨。我总是想不明白，凭什么我这么努力，却一直得不到回报？凭什么人家可以轻松自在，我却要这么辛苦？凭什么不公平不走运的事，都要落在我的头上？

我一直认为，命运亏待了我，到底是不是这样呢？答案已经不重要了，当你听完姑姑和阿施的故事，就会发现，即使命运亏待了你，即使生活辜负了你，你也要做到，不辜负自己、不放弃自己。那么多人在用力生活着，那么多人背负着伤疤仍然不忘微笑，我如果再不打起精神活下去，又怎么对得起老天赐予我的生命。

人是多么脆弱，每一次苦难都会在我们身上留下难以磨灭的伤痕；人又是多么坚强，只要苦难不足以致命，就会在泥泞中挣扎着站起来，重新出发。我们无法选择命运，我们唯一可以选择的是，当命运露出狰狞的一面时，坦然无畏地活下去。

一禅师见一蝎子掉到水里，决心救它。谁知一碰，蝎子蜇了他手指。禅师无惧，再次出手，岂知又被蝎子狠狠蜇了一次。旁有一人说：它老蜇人，何必救它？禅师答：蜇人是蝎子的天性，而善是我的天性，我岂能因为它的天性，而放弃了我的天性。——我们的错误在于，因为外界过多地改变了自己。

经受住苦难的考验，苦难是一笔财富，它会锤炼人的意志，使人获得生活的真谛。中国有句成语说，苦尽甘来。另一句又说，吃的苦中苦，方为人上人。这些都是鼓励人要经受住苦难的考验，在面对苦难的时候要忍耐，要有希望，只有保持这样一种心态，才会走向人生的辉煌。

苦难是生活给你的大礼

他初中时父亲去世，考进清华又身患重病，他说只要活着就要追寻！

"人生就像一盒巧克力，你永远都不知道下一颗是什么味道"。朱晓鹏，2010级清华大学化工系学生。一个来自湖南小山村的普通孩子，在经历了父亲意外过世和突如其来的脊髓血管瘤导致其左半边身体麻木无法活动的变故后，时刻忍耐着巨大的疼痛的同时仍不忘初心，不忘自己的梦想，积极面对生活，他用实际行动诠释了自强的真谛……并和同学一起创立了清华无障碍协会，竭尽全力的用自己的能力来帮助更多的人。正如泰戈尔所说："生活以痛吻我，我仍报之以歌"。

朱晓鹏的父母在给自己的儿子起名"晓鹏"之时，想必也是希望他将来能鹏程万里、展翅高飞，尽管他只是出生在湖南省一个小山村里的普通孩子，但也承载着父母美好的期望。

晓鹏的家乡青山环绕，绿水莹莹。那时候的生活条件虽然艰苦，但晓鹏浑然不觉，反而在父母的荫庇下、在自然的山水间无忧无虑地成长。他那时候想，将来要努力读书、走出大山，让父母过上更好的日子，每每想到这一天的到来，他内心里就暗自欢喜。

然而，初二那年的暑假，一个意外的发生让晓鹏的生活发生了翻天覆地的变化。他的父亲在山上砍树时不小心被倒下来的树砸中，父亲没能躲过这一劫，就这么离晓鹏和家人而去。事情发生的如此突然，突然得简直像小说中描写的噩梦，而晓鹏，多么希望这真的只是一场噩梦。

"当时我感觉天昏地暗，周围的一切都失去了色彩。我似乎在一夜之间长大，作为家里唯一的男人，我朦胧地意识到我应该撑起这个家。"

变故发生后，晓鹏更加努力地学习，每天起早贪黑，将自己置身于知识的海洋中，希望通过学习来改变家庭的命运。也是在那个时候，他邂逅了化学。

"一接触到化学我就异乎寻常地喜欢，自那时起我就梦想以后要成为一名化学家。"一谈到化学，晓鹏就掩饰不住心中的喜爱，脸上充满了期待和向往。而他不仅停留在畅想阶段，更用努力和汗水成了他所在的高中有史以来第一个被清华录取的学生。2010年，晓鹏如愿进入了清华大学化工系，开始了真正的化学之旅。

晓鹏也不会知道，在仅仅不到一年之后，他在刚刚入校时参观化学实验室中见识到的那许多新奇的仪器，他竟再也没有机会去亲手操作了

"我多么希望当时就进入实验室操作那些器材，那么现在的我就不会徒留遗憾了。"晓鹏的回忆里充满了遗憾和不舍。

在大一期末的一个备考之夜，他突然感到全身麻木，无法动弹，他试图挣扎却摔倒在地，甚至剧痛难忍。晓鹏的室友们见状立刻把他送到了医院，经过一个星期的诊断，晓鹏被确诊为脊髓血管瘤。

脊髓血管瘤又叫作血管网状细胞瘤，发病概率占脊髓肿瘤的1% - 5%，严重后果将导致截瘫或1/4瘫。因为血管瘤附近的组织水肿，晓鹏无法立刻手术，只能在病床上无助地等待。在长达三个月的煎熬后，晓鹏终于被推进了手术室，这个复杂的手术做了整整9小时，这9个小时对于晓鹏

和他的母亲来说，都太过漫长。

术后，晓鹏的血管瘤被摘除，但手术只是帮助他右半边身体恢复了些许知觉，而左半边身体依然麻木无法活动且时刻都要忍耐巨大的疼痛以至于无法入眠。因此晓鹏不得不回到湖南老家，暂时告别他的学习生涯。

而这一告别就是两年。

"回家修养的日子也并不好受，我每天都在绝望中度过，生活没有目标，得过且过自怨自艾，时常感慨上天的不公。"晓鹏觉得可能这辈子都再也无法实现自己的梦想了。

他曾迷茫地躺在床上看着天花板发呆，也曾消沉地用最坏的情景设想自己未来的人生。但是每当他看到母亲憔悴的脸庞和始终如一的照顾，他就想起曾经向自己许下的诺言。"我的母亲怎么办？她一直无怨无悔地照顾我，我却还没有报答过她；我的妹妹怎么办？她还那么小，长兄如父，我必须好好照顾她；还有，我的梦想，怎么办？"晓鹏无数次地问自己。

就是从这个时候起，晓鹏开始阅读霍金的《时间简史》，开始阅读史铁生的《我与地坛》。慢慢地，他从这些身体受到限制但是灵魂无比自由的人们身上看到了自己梦想的身影。"我发现我对梦想的热情依然不曾熄灭，我还是想追逐她，想要靠近她。"

在复健刚开始的时候，晓鹏完全不能够站起来，两个人扶着他都站不稳，但是晓鹏依然拼命逼迫自己站着，半分钟，一分钟，十分钟，腿都麻了，他也不肯放弃，慢慢地，他也能够站几个小时了。

会站立之后，晓鹏开始重新学习走路，这是一个比小孩蹒跚学步更加艰难痛苦的过程。即使被两个人搀扶着，他的两条腿依然一直不停地发抖，每一步都走得特别特别艰难，但慢慢地他终于可以扶着墙壁走了，虽然很慢很慢，虽然非常不稳，有时候还会重重地摔倒在地。

每一次倒地，晓鹏的母亲都会含着眼泪把他扶起来，不忍心他继续再走。"但是我的脑海里都是我的校园我的课堂，我实在不想放弃"。

晓鹏坚定地继续练习行走。经过一年的坚持，他终于能够走路了，但他还不满足于此。于是他开始要求自己学习爬楼梯，每次爬完一层都近乎虚脱。"锻炼的过程虽然很艰苦，但我依然很感谢它，因为是它让我变得更加坚强"。

正如史铁生在《我与地坛》中所说，"不能走远路却有辽阔的心"，这句话用来形容晓鹏再合适不过了。在晓鹏每一步的复健练习中，支撑他的都是他那颗辽阔的心。

经过两年的积极锻炼，晓鹏终于再次回到了清华园中。但遗憾的是，晓鹏的左半边身体仍然没有康复，出行和生活还是要倚仗轮椅的力量，同时因为无法进行实验操作，他再也不可能继续化学的学习了。

在学校老师的多方协调和帮助下，晓鹏最终转入了数学系，并且也慢慢喜欢上了数学。重返校园的晓鹏真切感受到了学校、老师和同学给予他的关心和温暖，"仿佛阳光重新回到了我的生活里"。

学校为晓鹏和他的母亲安排了带有电梯的公寓，并为他提供了校友励学金的资助；数学系的老师为了晓鹏更便利地上课特地将教室换到了一楼；有校友赠送晓鹏一台电动轮椅，让他的出行变得更加顺畅；原先化工系的老师也仍然关心他，一直给他发放生活费补助；身边的同学也纷纷帮助鼓励晓鹏，让他能够参与到集体活动中来。对于这一切，晓鹏心里都感恩铭记着。

在今年的校友励学金大会上，晓鹏作为获助学生代表发言，他说道，"我常常想，人生有各种各样的困难，我永远无法得知下一个困难是什么。我能做的，就是不忘自己的初心，不忘自己的梦想，积极面对生活带给我的所有。因为只有这样才能不负于所有不曾放弃我的人。"

现在的晓鹏，已经开始了一段崭新的学习生活。在数学系，他也依然坚持自己的学术梦，成绩在年级中也能保持中等偏上的水平；同时，他积极参加自己感兴趣的各类比赛，课余时间，还会看热爱的NBA篮球赛。

"我得到了太多，但我做的又太少，所以我想依靠自己的力量去做些什么"。晓鹏回忆起自己生病到回到校园的这段时光，感慨自己有幸得到了这么多人的帮助。于是他在图书馆勤工俭学，自己挣取报酬，在自己的能力范围里付出劳动、锻炼自己。同时，他也想用自己的力量来帮助更多的人。

　　今年晓鹏和他的一些同学发起创立了清华无障碍协会，志在宣传无障碍通行的理念，并且希望能推动清华成为全国第一所无障碍通行的高校，让残障人士与老年人都能在校园里便利地生活。

　　"生活给了我苦难，我却把它当作一份礼物"。在经历了这么多人生的变故后，晓鹏仍然充满了信心和希望。即使现在他仍然不知道他的左半边身体能否康复，但他不会放弃自己的科研之梦。"

　　只要我还活着，我就可以继续追寻我的梦想，我的人生就还有希望。"晓鹏说。

　　正如泰戈尔所说："生活以痛吻我，我仍报之以歌。"

　　在接下来的校园生活中，晓鹏决心更加努力地学习，他微笑着说："如果幸运的话，也许我可以成为一名老师，能够一边钻研学术一边教书育人。"我们也希望在未来某一天的某间教室的讲台上，能够看到晓鹏那瘦削而又坚定的身影。

　　拥有独立的人格，懂得照顾好自己，在事情处理妥帖后能尽情享受生活，不常倾诉，因自己的苦难自己有能力消释，很少表现出攻击性，因内心强大而生出一种体恤式的温柔，不被廉价的言论和情感煽动，坚持自己的判断不后悔。愿你成为这样的人。

记住你是个女孩，努力是你的象征，自信是你的资本，微笑是你的标志。你要奋斗的不是在一个男人面前委曲求全让他看到你的努力，而是好好努力并且等待数年后那个单膝跪地给你无名指戴上戒指的男人。想要别人爱你，前提是先好好爱自己。

谁都可以看不起你，但是你不可以看不起自己

1

我有一个可爱的小学弟，今年读高二。他说，自己不擅长和别人交流，就算是和熟悉的人对话，说不了多久也会没话可讲。和人聊天，他总是找不到共同话题。

其实，他不是真的没话讲，他有自己的兴趣爱好。拿其中一项来说吧，他很喜欢看动画片。但是，身边的长辈总会对此嗤之以鼻。后来，他就不愿意提起这个爱好了，因为他感觉很丢脸，会让别人觉得自己很幼稚。

他最喜欢看的动画片是"海贼王"。听他说完后，二十八岁的我赶紧把正在播放的"海绵宝宝"给关了。

他说自己每次和陌生人搭话都会手心冒汗，说话颤抖，有时候还会咬着自己的嘴唇，不敢看着别人的眼睛，一直低着头。去公开场合演讲或者做自我介绍，简直要了他的命。他会一直发抖，紧张到语无伦次，他形容那种感觉，就像是上刀山一样壮烈。

他问我，要怎样才能变得自信一点？我很能理解他，毕竟我也内向过。我花了很长时间回答他的问题，因为要思考很久。最后，我终于给出了一个让双方都满意的答案。那就是：自信强大是一个结果，而不是原因。

2

16岁那年，是我人生最灰暗的时期。由于我只顾着上网打游戏，学习成绩一落千丈，老师和长辈们都对我很失望。

上课时间我总是在睡觉，下课的时候也不爱和同学说话。于是，我混不进任何圈子，找不到任何帮手——成绩好的不带我玩，成绩不好喜欢玩的又总是欺负我。

感觉糟透了！我把生活中遇到的不爽全部发泄在了游戏上。我跑到游戏厅，找技术不好的人挑战，在网络游戏里疯狂厮杀，忽然觉得心情舒坦了不少。

回到现实中，我还是继续被欺负，被罚跑操场，被遣送回家。我开始顶撞老师，向一些不那么厉害的同学还击，还学别人抽烟。在网上看一些犯罪类的电影，学习人家黑社会老大的坐姿和说话方式；练习他们恶狠狠的眼神；学习他们的穿衣风格，故意把牛仔裤划出破洞；甚至半夜来临时，跑到街上大喊大叫。

当我以为自己变得很厉害的时候，我在一条小巷子里被三个低年级的学生打劫了。我的勇气，我的强大，我的信心，一下子全没了。我当时很怂，乖乖从口袋里掏出了五块钱，递给他们，为了避免挨一顿打。

长大后我才慢慢发现，原来一个人的自信和强大，完全不是靠模仿某个厉害的手段，或者是研究一种叫作"气场"的东西之后，就会形成的。

3

我有一个朋友，是公司的业务员。有一次为了投标的事情，他陪着老板去了一个饭局。老板告诉他，桌上的都是关键人物，让他注意点身份。

饭局上，老板一直在给关键人物们发烟递酒。朋友坐在一旁，没说什么话，有时候吃菜，有时候只顾着玩手机。等到一个关键人物和他喝酒的时候，他不卑不亢，眼睛看着对方，轻轻地笑了笑，然后把酒喝了下去。

再一次见面的时候，那人直接邀请朋友去了办公室，他说："我看出了你才是真正的老板，那个只顾着发烟的人应该是你的业务员吧。"朋友心中窃喜，但是没有说出来。

那个人说朋友有大将风范，在饭局之前应该是知道自己身份的，还能做到不卑不亢，一定是个有魄力的人，所以把业务交给他很放心。

最后，这个标被朋友所在的公司拿了下来。

4

第一次找工作的时候，我也和文章开头的小学弟一样，手心冒汗，浑身发抖，被老板问了几句就紧张到说不出话，结果当然是被拒绝了。

而今年年初，我去一家理财公司应聘时，由于表现得太过自信和淡定，被老板怀疑为暗访的记者，在我离开时，要求我把写下的东西撕掉。其实，我只是做好了自己，说明了自己的优势，说出了想要的薪资。关于工作方面的事情，全部都是有话直说。

我有个做HR的朋友，她说很多人能力行不行，光看谈吐就可以决定。去应聘不是去给人当仆人，越是不卑不亢，越会多点机会。

所以，想要变得自信强大，就更看重自己吧。谁都可以看不起你，但是你不可以看不起自己。就算你多了八块腹肌，资产上亿，身高二米，你也不一定会变得强大。就算你个子不高，穿着朴素，并不富裕，你也可以是最好的自己。

真正的自信和强大，来自你的内心。

长得不高其实并没什么关系，一个人要独立、自信、有才华、积极乐观向上！要出去走走，你的感受会不一样。世界这么大。风景很美、机会很多、人生很短，不要蜷缩在一处阴影中。